庭院盆栽

英国皇家园艺学会

庭院盆栽

理查德·罗森菲尔德 著

瞿伸 译　顾向明 审译

湖北科学技术出版社

图书在版编目（CIP）数据

庭院盆栽 /（英）罗森菲尔德著；瞿伸译 .
——武汉 : 湖北科学技术出版社 , 2012.12
（绿手指丛书）

ISBN 978-7-5352-5381-1

Ⅰ . ① 庭 … Ⅱ . ① 罗 … ② 瞿 … Ⅲ . ① 盆栽—观赏
园艺 Ⅳ . ① S68

中国版本图书馆 CIP 数据核字 (2012) 第 296525 号

Original Title: Containers for Patios:

Simple steps to success

ISBN 978-1-4053-1682-8

湖北省版权局著作权合同登记号：17-2012-176

责任编辑：曾素

出版发行：湖北科学技术出版社

地址：武汉市雄楚大街 268 号出版文化城 B 座 12 ~ 13 层

电话：（027）87679468

邮编：430070

印刷：中华商务联合印刷（广东）有限公司

邮编：518111

督印：苏江洪

2010 年 3 月第 1 版

2010 年 3 月第 1 次印刷

定价：45.00 元

本书如有印装质量问题可找承印厂更换。

目录

用花盆装饰

盆栽花园的多功能性是它最吸引人的地方之一。你可以在花盆里种植几乎任何植物，也可以用几乎任何器皿来做花盆，让庭院产生无限的变化。你可以传统一点，把凡尔赛风格的花盆经过简单色彩搭配，与优雅美丽的花搭配在一起，看起来整齐均称。也可以大胆一点，选一些粗糙的容器配上草和雏菊来达到草地牧场的效果。不论你喜欢哪种风格，这一章里激动人心的点子都会为你提供很多灵感。

随意的乡村风格

用陶土盆、仿古容器或者回收再利用的容器作花盆，种上一些色彩鲜艳的有乡村气息的鲜花和植物，可营造一种乡村花园的感觉。从水桶到雨靴，花盆越不同寻常越好。

左图起顺时针

庭院的色彩　用陶土盆和木头来营造乡村主题，容器的摆放最好错落有致。用多叶植物，如常春藤（Hedera）和报春花交替摆放会产生理想的效果。

回收利用的魅力　只要能在底部开出排水口的容器都可以被当做花盆。用厨房废弃物，如破旧的平底锅、盛过橄榄油的铁皮罐作为惹眼的容器，使蓝色风铃草和红尖长生草相映成趣。

相映成趣的花船　这个创意说明了什么东西都可以成为极好的花盆。一年生攀缘植物旱金莲，在夏天能很快爬满船舷，这是新鲜的绿叶与橘黄色鲜花的生动搭配。

藤条制品　乡土气息的篮子作花盆，与色彩鲜艳或柔和的报春花是理想的搭配。在倒入营养土和种植植物之前，你可以在篮子里放几个小盆，或者一个大盆，或是把底部挖好排水孔的泡沫塑料当做篮子内衬。以防止潮湿的泥土腐蚀篮子。

随意的乡村风格

左图起顺时针

特殊的隔层 展示装饰性花盆最好的方法之一，就是摆放在一个大而干净的旧书架或者木头花架上。为了避免架子被雨水腐蚀，要在经过防水防腐处理后才能放在花园里。如果你有一特殊的地方要装饰，订制一个独特花架将是明智的选择。盆栽在浇水后会变得很重，所以花架要足够坚固。另一个便捷的方法，就是在两三块处理过的厚木板上放上倒置的陶盆或砖块，最矮的放在最前面。摆满花盆后，叶片和花会形成一个生长的绿化带遮住隔层。

红色点缀 悬挂的花篮和几盆天竺葵就能带来一个简单的以木头、石头和砂砾为主题的花园。在用餐区的三边摆放漂亮的花盆，能够带来一些视觉上的快感，鲜红的花和素色的背景形成了鲜明的对比，只是简单地用了一种颜色，就增添了一个重要的主题。

一个不同的角度 大多数花园都有可以被老旧残缺的容器充实的空隙。可以在这些花盆里种上一年生的攀缘植物，如艳丽的旱金莲；可把盆子侧倒着放，让枝芽向着不同的方向长；也可以就让花盆空着，在周围放上一些砂砾，然后摆上蛤壳、蚝壳和贝壳，或几片浮木、彩色玻璃碎片等有趣的东西。在花盆映衬下，后者会更好看。

堆积的盒子 旧木箱或者其他储藏容器，可以堆积起一个灵活的高度。不太整齐的堆放，会显得更随意。
在春天把倒挂金钟的茎尖掐掉促其茂密生长。而新生的枝条很快就会覆盖堆肥。夏天时，花会开得很繁盛。你还可以让一些植物的茎干从把手的洞里钻出来。

整洁的现代风格

现代风格主要表现为线条简洁，棱角分明。也可以用一些造型感强的植物，特别是常绿的植物来突出这种风格。当然，现代风格会运用到几何图形，这会使浪漫的姿态和杂乱一扫而光。过多的浪漫元素和杂乱不适合现代风格。

左图起顺时针

蓝色视线　齐整的直立花盆，配上同样蓝色的背景，为这块地砖铺成的环形庭院增添了色彩。前面花盆种着尖叶高大的龙舌兰，后面种着新西兰麻属植物。金属质地的家具增添了额外的亮点。

香味的角落　如果不种上一排芳香植物，简约主义不会带给我们美妙的感观享受。金属花盆配上岷江百合，那些结实的茎干和强烈的个性，与熏衣草上演出有着丰富香气的仲夏之秀。

成块的草　惹眼的重复种植，在一些现代花盆的帮助下会很成功，比如这些砖红色的盆器，搭配向四周散开有触感的拱状草。种在花盆底部周围的那些不起眼的植物，看起来就像一张园艺地毯，给整幅画面增添色彩和纹理。

黑色和明亮　这些长得很长的、有着黑色茎秆的紫竹和金属容器搭配是个很不错的选择。紫竹新叶是深绿色的，之后的季节会逐渐变成亮黑色。

整洁的现代风格

左图起顺时针

绿色和灰色 花岗岩、金属、石头和玻璃，在这个具有现代感的下沉区被巧妙地组合在一起。这个大胆的设计被长方形的窗户修饰，旁边角落里铺了碎石的花盆和造型感很强的叶片呈椭圆形的斑叶玉簪，让整个设计变得柔和，而另一个角落则利用了一大堆蕨类的叶片来点缀。

一步一步 由一条木头和蓝色金属铺就的小路，再加上小聚光灯，把自然和人造的元素组合在一起。被抬高的花坛上，种满了不同高度的植物，包括有尖刺的鸢尾和有香味的熏衣草，在梯状垂线的背景下显得恰如其分。

夏日芬芳 传统乡村花园里的香草，如法国熏衣草，在现代风格的方案里也有一席之地，尤其是种在现代容器里，比如这个很高的有棱纹的花盆。用大容器种植香草时，要选择株型蓬大的品种，如酸模（*Rumex acetosa*）能长到1.2米高，深绿色叶片能散发出芳香气味的神香草（*Hyssopus officinalis*）能长到80厘米高，还有从春天一直到初夏都开着小白花的甜芹（*Myrrhis odorata*），可以长到90厘米。

整齐划一的外观 重复种植可应用于不同的风格，从低调到生气勃勃都行。这些种在漂亮的黑色网眼花盆里的岷山百合（*Lilium regale*），在橘色的背景和木质地板的衬托下显得格外抢眼。

规整典雅的风格

大型的园艺造型花盆,如蓬头形、锥形、螺旋形和垂花式等,打造出了优美的线条和一种清爽精致的感觉。大型植物价格昂贵,但是盆子可以既便宜又快速地被赋予你想要的造型。

左图起顺时针

挺拔直立式修剪　标准修剪树型指经修剪后,树木主干无分枝,树冠呈球形,如图中大型盆载树木(黄杨木)所示。虽然售价很高,但它成为这个主题增加常绿结构的理想选择,特别适合对称使用。就像这里,放在一个紫红色花罐的两边作为修饰。

垂下的常春藤　这棵蘑菇形的忍冬(*Lonicera*)是从铅质水槽里长出的一个焦点,放在窗边,可以让它的香气飘进室内。小叶常春藤(*Hedera*)沿着V字形的细铁丝生长,整个场景由铅质水槽两边花盆里的球形黄杨(*Buxus*)填补完整。

戏剧般的庭院　这些一直延伸到庭院里的被修剪成小锥形的黄杨是很好的树篱。座位区两旁的两株观花植物和桌上的小花盆点缀了空荡的空间。

巴洛克风格的蕨类种植盆　一个种满了蕨类的意大利风格装饰盆,点缀了这个非常普通的角落。

经典的影响　对称的花盆打造出了这个很有结构的景观。螺旋的造形树,使得这尊经典雕像两边的红花木曼陀罗(*Brugmansia*)显得更加惹眼。整体效果整齐而优雅。

规整典雅的风格

左图起顺时针

木板庭院　这个中规中矩的景观简单、干净、直线，有条理地利用树以及主体色调。这种设计中植物应用很少，那些枝干光滑的树沿木板边摆放，成为一个亮点。

柱子的力量　种有尖叶的多浆植物的花盆，使砖砌的柱子成了这个现代玻璃花房的亮点。高低不齐的棕榈叶，软化了建筑物生硬的线条，而那些夏花，包括天竺葵、半边莲和滨菊（*Leucanthemum vulgare*），给地面增添了绚丽的色彩和立体的效果。

古典的瓮　一个阿里巴巴风格的罐瓮，被放在一个由灰色、绿色和紫色北葱（*Allium schoenoprasum*）组成的柔和、流动、对称的舞台中。一条碎石小路点明了英王爱德华时代的主题。

花盆、球形和螺旋形　常绿灌木被修剪成球状或螺旋状，改变了这个狭小区域的景观，白色的花盆变成了亮点。

地中海风格

私人的庭院，分隔的景观，陶土的地砖，橄榄油的罐子，异国风情的叶片和浓烈的气味，就是地中海式花园的特点。除此之外，加一些耐干旱的植物，如天竺葵、草本植物和柠檬树，看起来就更完美了。

左图起顺时针

罐子和地砖 如果你有图中一样好看的容器，尽可以用来种植，让旱金莲（*Tropaeolum majus*）或者小叶常春藤（*Hedera*）自由地生长，但最好还是就让它们空着吧。摆放这些空罐子时，要注意高矮、形状的呼应，罐子可放在最显眼的地方，要不就让它被蕨类的植物半遮着。

组合香草 彩色的地砖和厚实的花盆，以及薄荷（*Mentha*）、茴香（*Foeniculum*）、北葱（*Allium schoenoprasum*）和欧芹等传统香草组合（*Petroselinum*），带来一种强烈的地中海气息。经常剪下一些香草（茴香除外）供烹饪使用，这样可以刺激这些植物长出新枝。另外一些可以在花园里种植的食用香草包括有茴芹（*Anthriscus cerefolium*）、迷迭香（*Rosmarinus officinalis*）、麝香草（*Thymus vulgaris*）、罗勒（*Ocimum basilicum*）、牛至（*Origanum vulgare*）和南木蒿（*Artemisia abrotanum*）。

室内的景观 厚重的罐子，突出了大木门，凸显了门内庭院花园漂亮的景色。红棕色的地砖，把视线直接引向了最里面的盆栽。一个东方感的景观，同样可以通过类似的手法打造出来。用一个装饰性的窗框或大圆洞来当做画框，嵌在墙上俯视整个庭院。然后在这个景观最显眼的地方，放上一个大型盆栽或者鸡爪槭（*Acer palmatum*）。

悬挂的展架

窗槛花箱和悬挂的吊篮，对于乏味或者空荡的地方来说是再好不过了。在里面隔几个月放些应季的鲜花，如线裂叶百脉根（*Lotus berthelotii*）和意大利风铃草（*Campanula isophylla*），看起来会与众不同。

左图起顺时针

冬日的温暖　塑料小花盆可以很轻松地放进钉在墙上的蓝里。前面的三色堇和后面的粉色、白色的石楠组合，更突出这个简单的冬日主题。也可以试着用斑叶常春藤（*Hedera*）来搭配紫绿相间的甘蓝（*Brassica oleracea*）。报春花、番红花和矮水仙，同样能给这个篮子带来春天的颜色。

多层的效果　窗槛花箱可以是既简朴又时髦的，也可以是非常大胆夸张的。这个三层的设计，最底下有些悬荡着的叶片，中间有富有光泽的秋海棠，最上面的是倒挂金钟那些长得像小试管一样的红花。这个花篮需要经常修剪，才能层次分明，突出花朵。

充满生机的走廊　深紫色和红色的花篮，如同几个彩球一样，环绕着整个白色的走廊，显得有序而雅致。

绽放的颜色　混合在一起的粉色喇叭花和黄色鬼针草，就像一个悬挂的彩球。可以通过摘心来刺激植物生长更加茂盛，开出更多的花。最好用大吊篮。

花的托盘　用铁链将铁丝花蓝挂起来，让人眼睛为之一亮。在花蓝里摆上几钵三色堇，秋冬的庭院顿时多了几分颜色。

乔木和灌木

盆栽的乔木和灌木易于移动，很适合小花园、庭院和露台，可以随意放在庭院的门口或庭院任何地方，成为能吸引人的亮点。要尽量选择植株矮小的品种，速生或高大的品种不适宜小花盆。

左图起顺时针

秋天的颜色　你至少需要一株乔木或灌木，来营造出成片的春色或秋色。有一些树种（如唐棣）可以在两个季节都能带来鲜艳的颜色。在这里，一棵羽扇槭在落叶前，给庭院增添了丰富的红色和黄色。

扭曲的修剪法　桌子四周有4盆被修剪成经典螺旋形的黄杨，地上也有修剪得很好的球形黄杨。整个场景很容易通过改变黄杨的造型来变化。

营造一种效果　4个闪闪发亮的圆筒状花盆里，种着高度相同的加柠桉（*Eucalyptus gunnii*），它们有着很独特的蓝绿色圆形新叶，与种在其周围黄色的万寿菊（*Tagetes*）形成了鲜明的对比。

有趣的叶片　月桂树（*Laurus nobilis*）是一种很好的盆栽植物，因为它们长得很慢，而且耐修剪。在这里，月桂被放在分别种有蕨类和龙舌兰的花盆中，显得最抢眼。视线被不同形状的叶片吸引着，这也充分说明了不一定只有能开花的植物才能成为明星。

花盆的多样性

花盆的种类和风格有很多种，每一种都能产生不同的效果。有些适合正式的方案，另一些则更适合随意的设计。花盆的材质决定它的耐用性和价格。古董石质花盆耐用，但很贵，铸石的花盆就会便宜一点，而塑料的仿制品，会在价格上比较有优势。这一部分探究了每一种容器的优劣，能够帮助你在预算范围内选择最适合你庭院的花盆。

设计你的庭院

把你的庭院看作是一个小花园，然后问自己两个问题：地上除了能种草还能种些什么，墙上可以用些什么装饰呢？

确定风格 大多数设计师都认为，庭院的风格应该由房子的风格来决定。所以老旧的房子需要一些碎石子铺就的小路和石墙，而木板和格子墙，更适合现代感强一些的房子。你选择的植物（茂密多叶的、简单少叶的或者多彩的）也会影响庭院的整体效果，所以买东西之前一定要好好想一想。

美丽的背景　如果没有爬满常绿的攀缘植物，裸露的墙就会成为庭院里最惹眼的地方，所以需要好好想想怎么解决这个问题。翻翻几本有关花园设计的书来找找灵感，看看你庭院里的背景，再看看哪些灵感既美观又可行。粉刷柔和色彩的墙能提供静秘空间（下图），但是如果你想隔开其他的景观，栅栏（右图）会是最好的选择。栅栏还有一个优点，那就是能为攀缘植物提供支撑。

装饰性的地面　在院子里，花盆里的水排出之后，可能会弄脏地面或者腐蚀木材，会给那些漂亮的木板带来麻烦。为了防止这种情况出现，需定期用防腐剂涂刷木板。如果你的庭院是背阳的，那么在潮湿天，木地板会变得湿滑，所以铺设地砖会更安全一些，还是一种更可行的选择。也可以试试非常耐用的铺路石。不管选择哪种材料，排水沟都是必须的。如果你选择木板，记得留一块活木板，以便日后清理木板下面堵塞的排水沟。

铺路石是很经用的　　　　　木板要刷上防腐剂

选择花盆

买花盆前,要盘算好你需要多大的、什么样的花盆,要用来种哪种植物以及你有多少时间可以用来浇水。

大花盆

优点 大花盆很惹眼,所以不管花多少钱都一定要买漂亮的,并一定要有技巧地摆放。它们不需要大型的植物,小的也一样有效果。或者你也可以就让它们空着,作为花园装饰品。

缺点 大的花盆可能很贵也会很重。它们能把一个小地方给占满,如果你喜欢经常改变花园风格,那它们可能就会变得多余了。

小花盆

优点 你可以在有限的空间里摆放很多小花盆,可以通过把它们挂在墙上或者用砖块垫出不同的高度来增加层次感,形成一个传统的隔离带。小而轻的花盆很容易重新摆放,也很容易被塞进空隙中。小花盆的品种选择也很多,从意大利风格的装饰盆到不同颜色的釉彩花盆都有。

缺点 在有些地区的冬夏两季不太实用。夏季天气太热,花盆里的土很快就干了,一天可能需要浇上3次水。冬季,因为花盆太薄易冻伤植物的根,所以不适宜种植脆弱的植物。

挂墙盆和窗槛花箱

优点　在地中海风格的庭院里，你可以看到蔓尾天竺葵、香草和一些色彩鲜艳的植物。它们被种植在许多令人难以置信的容器中，然后被钉在墙上。它们把花园的范围扩大了，产生了垂直种植的空间。窗槛花箱效果能让室内与花园更贴近。

缺点　与小花盆一样，天热的时候需经常浇水。浇水后，会增加盆植的重量，所以挂墙盆和窗槛花箱一定要用钉子或螺丝固定好。注意要即时擦掉沿着墙流下的水迹，否则，可能会在墙上留下污点。

吊篮

优点　能把大量的植物塞到一个吊篮中，多变和层次感使得吊篮具有强烈的存在感。吊篮或精巧，或华丽，可以单挂也可以把几个吊篮挂在一起。吊篮里的植物很容易随着季节变化而更换不断，从而呈现不同色彩。篮子的高度也可以随意调节，齐肩高或者高过头顶都行。

缺点　浇过水的吊篮会很重，所以一定要确保吊篮的安全性，避免造成危险，同时注意吊篮的位置和高度，以易浇水和避免撞头为好。

创意组合

将不同质地、颜色和形状的盆器组合一起的方法之一，就是到花卉中心走一圈，在你买花盆之前就将植物搭配好。

巧妙用色　颜色的组合并不是特意把亮色都放在一起，或者把素色和夸张的颜色混在一起。试着用很浅或很深的色调平衡强烈的颜色。橘色和深紫色放在一起就很不错，图中玉簪的长茎及其扁平的掌形叶，给整体效果增加了纹理和叶形的变化。

运用质地　色彩是整个花园的起点，叶片的细节与不同质地花盆的对比是营造最终格调不可或缺的元素。无论厚的、富有光泽的、笔直的、松软的、粗糙的和光滑的，只要能与植物互补的花盆就好。一个浅色的釉碗跟"金边"龙舌兰就很相配（下图）。

重复的主题　同样的花盆和植物必须很显眼，才能达到最好的视觉效果，同时这也是整个设计不可分割的部分。可以把冲击力强的大型植物种在大花盆里，但是如果你喜欢小型植物，就要多栽几盆摆成一排，这样才能产生强烈的视觉效果。

平衡陈列

所有的园艺都是对花卉摆放的一种美化，盆栽植物的展示尤其如此。所以除了精心可挑选植物之外，你还要考虑花盆的外观。

营造对称   盆栽植物用途多样，简直令人难以置信。可以把它们当做舞蹈道具，用来平衡或者强调主要特点，比如图中的铁艺凉亭（如图）。对称的花盆装饰了凉亭裸露的四个支柱。你还可以种些攀缘月季，让其覆盖凉亭顶部。当然也可以种些牵牛花，让它们顺着前面的二个支柱往上攀缘。

雕塑一样的植物   试着用些好看又有型的植物，来创造一幅吸引眼球的画面。这里的重点在于气派的鹤望兰（Strelitzia reginae），是一种需要种在大花盆里的南非多年生植物。墙的颜色与叶片的颜色相匹配，橘红色的花和一对闪亮的金属球定格了整个画面，金属装饰球和金属容器也是互补的。

节奏和顺序   重复种植能产生一种整齐有序的效果，特别是在植物被修剪成了立方形或球形后。在这里，前后排的盆景相互呼应，产生共鸣。重复种植也可以把人的注意力集中在花卉展品上。

规模和比例　把盆栽放在一个环境里，就像在这两个柱子中间一样。粉色的柱子突出了蓝眼菊的颜色，花盆也足够大，占满柱子间的空隙。白色的碎石平衡了柔和的主题。

选择花盆的材质

花盆有很多种材质——从金属、陶瓷到木头等，正确地选择取决于三点：庭院的设计风格、花盆摆放位置和预算。

不同的风格、材质和颜色

黏土

优点　多数花店现在都有很多用黏土烧制的花盆，从又小又便宜的到像相扑运动员一样宽边大肚的，当然那会很贵。垂花式的老式花盆（或者复制品），既有雕塑感，又有一种源自文艺复兴时期的古旧感。

缺点　黏土盆有很多气孔，所以水干得很快，若在黏土盆内嵌入一个聚乙烯的内衬可以解决这个问题。还有花盆一定要能防冻而不只是抗冻。注意不要让植物头重脚轻，不然起大风时花盆容易翻倒。

黏土盆一般要放在半阴的地方，不然会干得很快

木头

优点　硬木制的桶和原木的花盆可以用很久，对于长期种植乡村风格的盆栽是不错的选择。大的筒形，给植物的根系留出了很大的生长空间，而搭配的植物（例如季节性球根类花卉）可以被种在木桶边。

缺点　软木的容器和窗槛花箱需要涂上不伤木头的防腐剂。为了不让泥土出来，最好在盆内做一层塑料内衬。大型的桶在种植植物之后会变得很重，所以最好还是原地种植。

乡土气息的木头，对林地植物来说再好不过了

石头

优点　石头坚固耐用。大的容器适合长期种植的植物，可以为植物的根提供足够的生长空间。真正老的石盆会很贵，但是用再造石或混凝土做的复制品，就会便宜很多。可以把天然的活性乳酸菌涂在石盆表面来养出一层藻类，这样看起来效果会好很多。

缺点　因为石质花盆都很重，所以在种植之前要先选好最后摆放的位置。又大又贵的容器需要用混凝土固定在地上，以防被盗。灰色的石头给人一种无精打采的感觉。

雏菊类、西洋甘菊可使石质花盆的灰色变柔和。

金属

优点　发亮的金属花盆是很具有吸引力的，尤其是在现代简约风格的环境里。金属花盆和形状硬朗的植物搭配在一起效果更好，如竹子、草和叶片很大的异国风情植物。

缺点　金属在灼热的仲夏很容易发热。为了防止植物的根在过热的营养土里蔫掉，记得要在金属容器内部做一层薄膜塑料内衬。内衬在冬天里也可以给植物起到保暖作用，防止植物的根系被冻伤。

在金属花盆里种上叶片舒展、匀称并有立体感的植物

合成物

优点　现在可供选择的不同颜色和形状的花盆已经越来越多了。如果花盆选择适宜，既便宜又很有表现力，而且很轻，尤其适合楼层高的花园和阳台，这样可以减轻盆栽的重量。

缺点　不适合种植高大或者树冠很重的植物，否则很可能被大风吹倒。不要把它们放在传统风格的主题里，不然会显得俗气而没有品质。

用闪亮的容器来平衡硬朗植物

打理你的花盆

花盆在使用前都应该彻底清洗，以保证它们干净且无病虫，对于木头、金属和石质的花盆，经过处理后看起来会更有质感。

保护木头　为了防止木头被腐蚀，不要让木质花盆与潮湿的营养土直接接触。在种植前给木头涂上对植物无害的防腐剂，如亚麻子油（左图）。每年冬天都要清空木质容器，然后涂一次防腐剂。或者，给木质容器涂上含有防腐剂的着色剂（上图）。要保证木材干净干燥后才能使用着色剂。选择着色剂时要注意着色剂的颜色不与所种植的植物颜色相冲突。柔和的颜色与植物搭配比较协调，是最好的选择。用塑料内衬保护木质容器的内部表面，并保证容器底部有足够多的排水孔。

防止金属生锈　对于不锈钢和镀锌钢来说，生锈从来不是问题。一个金属水罐在空气里暴露很多年都不会生锈。但如果在其底部钻了排水孔，破坏了金属表面的保护层，就可能会生锈了。为了防止这种情况发生，要在新钻的排水孔周围和里面都涂上防锈涂料。总的来说，尽量不要划伤金属容器；在清洗金属容器表面时，应使用不含磨砂的清洁剂和软布。

老旧的石质花盆　现代的或用再生石做成的的花盆（或石质装饰品）在被用来增加庭院的年代感时，总会因看起来太干净、太亮和太新而打破了人们使用它们的本意。新石盆做旧的最快方法，就是通过使用牛粪和水的混合物，或者涂上天然的活性乳酸菌，来促进石器表面上藻类的生长，还可以配上一些杂草。有些石盆或者石质装饰品的厂商，也会有一些简单易行的做旧方法。

准备陶土盆　如果陶土盆在使用前被放在储物室里过冬，那么在你再次使用前一定要用热水和洗涤剂彻底擦洗，然后用水浇透。这样做有助于消除害虫或疾病对新植物的影响。在季末贮藏花盆前要好好地清洗。在种植植物之前，把它们浸泡在水里，这样能填满陶土里的气孔，以后就不会从营养土里把水分吸出来了。装饰性的花盆，如果能防冻是可以整年都不去管它的，但要注意这里防冻和抗冻的区别：放在室外几个冬天以后，抗冻的容器可能会坏掉。

保持合成花盆的清洁　与陶土盆一样，在使用旧的合成物做成的花盆前，也要用热水和清洁剂彻底清洗，对于顽固的污渍可用厨房清洁剂擦掉，但要先在不起眼的小面积试验一下，看看清洁剂会不会划伤或者腐蚀花盆的表面。如果是长期放在室外种植植物，最好选颜色稍深的容器，这样容器表面的污垢不会太显眼。

在花盆里种植

仿照这一章的小帖士，可确保在种植前就能选取到健康的植物；关于如何选择合适的土壤，为植物提供最佳生长环境以及如何准备好花盆等问题，本章也提供了很好的建议。一步步照着做，种上灌木、攀缘植物，让夏日的盆栽和吊篮营造一个花叶四溢的露台吧！即使是"娇气"难养的一年生植物种起来也不可怕，同样能变成阳光下的一片彩色海洋。

选择健康的植物

当你找到了合适的植物，需直观确认它是健康的。记住你买的不只是露出泥土的部分，地下坚固的根系也是付了钱的，所以整棵植物都要看看，确保它们能长得很健康。

总的来说   不仅要看植物长得是不是健康、花苞是不是很多和有没有发达的根系，还要保证植物的上半部分是向各个方向发散的。很多植物有明显的"正面"和"背面"，这是因为花厂的工人没时间不停的转动花盆，让它们各个方向被太阳均匀照射，所以植物可能倾向一方生长。不要选择已经枯萎的或者叶片褪色的植物，长了杂草的也不要选。

检查根部   好的根系就像一个保养得很好的引擎一样，如果已移植生长的植物没有很好的根系，那就别去碰它了。第一，试着把植物从盆里弄出来（不一定总是很容易的事），然后检查根系是不是散布得很均匀。不要选择已经显得很拥挤的盆花，根太多就放不进多少土了，没有生长的空间也是一个伤脑筋的问题，一些根从排水孔里伸出来同样也是很头疼的事。根系拥挤常常标志着植物的上半部分长得很不好。

别选长得不好的植物　已移植生长的植物长得不好肯定是有原因的。如果它有着不健康的血统，那么它是永远也长不好的，不过也有可能是它没被照顾好（左图）。就算是你看到它被浇了水也不能说明之前的水分是充足的，或者也有可能是一直没晒到太阳。别老想着"我现在马上就要开始种"，在你找到更健康更有活力的植物之前千万别下手。

大个子的不一定就好　最高最大的那几株植物看起来总是很诱人的，但是个子的大小和植物的潜力是不能划等号的－－－如果选错了的话就浪费钱了。要选那些年轻有活力、有很多新芽和健康的根系的幼株（右图），而不要选现在看起来有两倍大但是马上就要死掉的植株。只要给小植株一个好的开始，细心地照料它们，它们很快就会后来居上。这条建议对攀缘性植物同样有效，茎干很长的那些可能就不会继续生长了。不过，也不一定都是这样，除了茎干长短，一定要看看是不是有很多健康的幼芽，不然你就得为自己的错误付出惨痛的代价。

检查害虫和疾病　从声誉好的卖家那里买的花，一般都是不会有什么问题的。但要是在其它的地方买花，如果你不好好检查一下植物是否健康，可能就会买到染病的植物，可能还会导致疾病和害虫在你的整个花园里传播。把植物拿起来对着光看，叶子和茎干的两面都要检查，特别是新长出来的部分，看看有没有虫害的迹象（见第114-115页）。检查土壤里有没有葡萄象鼻虫最好的方法就是轻轻的拉一下茎干。如果根已经被吃掉了，那么植物会很容易被拉出土壤。如果叶子上有黑色的沉积物，那就说明真菌已经开始在吸食树汁的昆虫排出的粪便里繁殖了，要检查一下植物是不是已经被蚜虫侵扰。已褪色的叶片可能是因为植物缺乏营养或者感染了其它的疾病。

选择合适的盆栽营养土

常用的盆栽土有4种，但怎么知道哪种是你需要的呢？哪种适合寿命长的植物？腐殖土有什么不好的地方？不含腐殖质的营养土有什么好处呢？这里分别列出了4种基本盆栽用土的优点和缺点。

壤土营养土

这种营养土又叫泥土营养土，是由无菌的壤土做成的，最受欢迎的一种是约翰英尼斯营养土，这种产品很成熟，有很多不同的配方，从适合播种和扦插的1号，到含有大量肥料适合长期种植大型植物（例如灌木）的3号。一般3个月后营养土里的养料用完，就要给盆栽植物施肥。

优点
约翰英尼斯营养土已经形成适合不同植物的配方
能很好地保持水分
含有充足的养分

缺点
很重
含有一部分腐殖土
质量不一，要先看看各类园艺出版物对每个品牌的评价

腐殖营养土

这种营养土也叫无土营养土，有很多不同功能的种类，都是针对普通盆栽和播种使用的，最适合短期种植或者只持续一个季节的展示。这种营养土很轻，通风性很好，但缺乏养分可加入缓释肥料改善。腐殖土干了以后会收缩，所以很难再次吸水。

优点
很容易打理，又轻
又干净
质量稳定可靠

缺点
干得很快
易造成渍涝
养分很少
使用4周（种子）或6周（植物）后，需要添加肥料

壤土营养土能保持充足的水分和养分

腐殖营养土是多用途营养土的基础

天然腐殖土

因为大家越来越关注在不含腐殖质和贫脊的土壤里种植，所以无腐殖质的营养土销量大增。传统的约翰英尼斯营养土不是完全不含腐殖质的，但是含量会比腐殖营养土要少。其优点之一是它对环境造成的危害是最小的，这种营养土是用废弃物加工的。可以用家里的厨余废物自己加工，也可以购买。这种营养土颜色很深，对大多数花园和盆栽都适用。不然的话，就试试椰壳纤维，或者处理过的树皮（如果是播种的话就不要用了）。

优点
养分很足
保湿效果很好
不贵
经过高温处理可以消除病虫害和杂草

缺点
对有些植物来说，有些不含腐殖质营养土比另一些的效果要好

椰壳纤维营养土

由切碎的椰子外壳制作而成，市售的椰壳纤维有散装和整块的；整块的椰壳纤维要用水浸泡大约20分钟以后才可以使用。因为椰壳纤维不含养分，通常和多用途营养土或者约翰英尼斯营养土混合使用（含量为3%）。如果种植一年生的植物又要用很轻的营养土，那么就可以使用这种营养土，挂墙花盆或者窗槛花箱也可用此营养土。椰壳纤维土轻质易干，应注意常给浇水。

优点
价格便宜
很轻

缺点
不是很环保：没有腐殖质，它是通过飞机运往世界各地的
不能用于永久种植
植物对于这种营养土的反应不稳定

不含腐殖质营养土对环境造成的危害要少一些

椰壳纤维营养土很轻，适合在窗槛花箱里使用

备好花盆

不管花盆大小，使用前都需要检查。如果花盆的准备工作做好了，那么会对植物的生长更有利，令植物看起来更有生机。要考虑一下你选择容器的重量，可千万别一种好就摔破了。

检查排水孔　大多数花盆都是有排水孔的，以利于溢出多余的水，否则会造成植物烂根。如果花盆没有排水孔，就需要用水泥钻在花盆底部钻几个洞出来。

敲个洞出来　如果钻出来的洞较小，也可以用锤子把小洞敲大，敲时动作要轻，而且尽量选择底部厚一点的黏土盆，否则盆子易破碎。

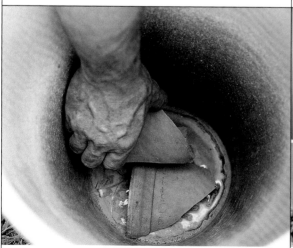

防止根腐烂　为了让水能顺利地排出来，应在花盆底部放置一块碎花盆片、瓦片、塑料片或者几块大的鹅卵石。也可以铺一张铁丝网，再在上面铺一层小碎石。这样就能防止排水孔被堵塞或者盆里的土被冲出去了。

减轻重量　所有的花盆加入营养土后都会变得很重，浇水后会更重。为了减轻重量，可以在花盆底部放些泡沫塑料块或者瓷球。注意只有种植一年生或根系不发达的植物时才可以这样。

重新启用旧花盆　包括留在花园里和堆在储藏室里的花盆，所有的花盆在使用之前都要清洗干净。哪怕是打包好的或者几个月前刚刚洗过的也要清洗。因久置未用的花盆可能成为病虫的繁殖地，使用前一定要仔细彻底地用清洁剂擦洗花盆。最好把花盆浸泡在给婴儿奶瓶消毒的消毒液里，然后冲洗干净。对于之前种植过染病植物的花盆来说，这是一个非常明智的选择。

给花盆做内衬　内侧没上过釉的黏土盆很容易被冻坏。这是因为陶土盆有很多气孔，水渗入气孔后，在结冰的时体积会膨胀而导致花盆开裂。为了防止这种情况发生，要用厚塑料布给欲摆放在室外的花盆做上内衬。买塑料内衬时要比预计的用量多一些。把塑料内衬贴着花盆内侧，用剪刀把底部遮住了排水孔的地方剪开。底部放上石头压着，然后倒入营养土，直到把塑料内衬压好。最后，沿着花盆边缘剪掉多余的塑料内衬。这样也能防止营养土里的盐和从黏土里渗出的水使你的容器褪色。

移动重的容器　单移动被填满的厚重大花盆并不是件轻松的事，它可能会有伤到你的腰或者花盆会被摔破。最好的解决办法就是种植之前把花盆搬到涂有防腐剂的木板轮架上。然后用带有轮轴的木架车把花盆运到目的地。小车也可以直接成为花盆的架子，不仅可以不用再把花盆搬下来，还可以增加排水的效率。

花盆里的护根物

选择合适的护根物和选择植物、容器同样重要。但面对市场上各种种类的植物，如何判断哪种是你需要的呢？

小提示

春天，浇过水以后要在营养土上均匀地撒上一层护根物。护根物不要堆得太厚，也不要在茎干周围撒得太密。

什么是护根物 护根物是一层小碎石或者其他的材料，用来帮助营养土减少蒸发保持水分，还能起到一定的装饰作用。粗砂质的护根物可以防止鼻涕虫和蜗牛的威胁。

可选的护根物

碎木皮　最适合用在灌木和林地植物周围，如山茶花、木兰、棕榈和杜鹃。比较适合木桶。如果营养土表面裸露，覆盖碎木皮，能防止野草的种子在营养土里发芽。

碎石子　碎石子有不同的颜色和大小颗粒，看起来也令盆栽表面很清爽，还能调节营养土表面水分的蒸发，阻拦鼻涕虫和蜗牛的侵害。碎石子最适合地中海风格的植物、高山植物和玉簪。

鹅卵石　大一点的石子，也有着不同的大小和颜色，鹅卵石适合大型海滨植物、东方风格和现代的金属容器。最好用在竹子、朱蕉、牧草和莎草周围。

贝壳　有着不同的形状、大小和颜色（从白色到粉红）。贝壳的理想搭配有牧草、沿阶草和红星茵芋，如果贝壳不多，把它们放在一层鹅卵石上面也行。

碎玻璃　这是个很受欢迎的创新材料，处理起来是很安全的，有很多颜色可选。非常适合现代风格的设计。碎玻璃和造型生硬一点的植物很搭配。适合撒在竹子、矮棕榈树和丝兰的周围。

再生材料　现在市场上有越来越多的回收材料，如被压成小碎片的电脑屏幕和被碾碎的贝壳（上图），这些材料适合现代主题的设计。

种植灌木

种植常绿灌木，例如长阶花，会让好看的容器变得更抢眼。为了得到最好的效果，要种上一棵叶片很健康、株型很特别的灌木，注意根不要太多，以防撑破花盆。

1　检查盆子底部是否有排水孔，如果没有的话一定要钻几个出来。然后放几块破瓦片或塑料片来帮助排水。千万别把洞塞住了。

2　往盆里倒入新鲜的的营养土（不含腐殖质的壤土），致离盆子的边缘只有5厘米处。

3　把种了植物的容器放在盆子的正中间，往周围填土，并把覆土压紧。这样能给植物留下一个大小，位置和深度都合适的种植坑。

种植灌木

4 轻轻地把植物连带容器垂直地从盆里拎起来，留下一个完整的坑。然后浇透水，并让多余的水都排走。

5 小心地把灌木从原容器里带土移出来，千万别伤着根系或者弄断部分枝叶。把根球外层的根系梳理一下，让根系更舒展。

6 小心地把灌木放到坑里，然后把周围的土压紧。最好再加一点营养土使整个表面平整，但覆土千万不要超过原来茎干上已经有的高度。

7 给灌木好好浇水，把营养土里的大气泡都排出来。如果没有水管，把水倒进一个老瓦罐里再浇，这样水的流速会均匀一点，不会让植物的根露出来。

8　最后，在灌木周围撒上一层薄薄的碎石子或小鹅卵石。它们有很多种颜色可选，可以起到装饰的作用，也可以减缓蒸发从而保持营养土的水分。

夏日组合盆栽

夏季开花的植物在春末的时候就开始降价促销了。买之前要把它们都摆在地上看看，保证它们的颜色、形状和高度能够搭配起来显得生趣盎然。要选择那些整个夏天都会开花的植物。

1　别把一堆矮小的花塞进一个小花盆里，应买个大口径的花盆。如果花盆太深，就在底部的中间倒置一个小花盆，这样可以节省营养土，并用小石子把周围的缝隙填满。

2　把营养土倒进花盆，再把植物摆在营养土上，调整植株，把藤蔓植物种在花盆边缘，高高直直的植物要尽量放在中间。

3　将要移栽的植物先浇透，先移栽种在最中间的植物，后移栽种在边缘的植物。这样能保证有足够空间来移栽中间的主要植物，而不会折断其周围植物的茎和花蕾。

4　种下最外面一圈的植物，要给它们留下足够的生长空间。最后用花洒朝上的喷壶给植物浇足定根水。注意经常给花盆转动方向，以免植株偏向生长。

做一个吊篮

季节性的吊篮是很好做的，可以做小也可以做大。先把那些强势的植物种在中间，周围可以栽一些装饰性的藤蔓植物。

1 把吊篮放在一个大口的矮花盆上，保证它在准备过程中不易移动。再给篮子装上专用的内衬或苔藓，一定要再扎紧，内衬至少要有3毫米厚。

2 在篮子的底部垫一块小的圆形塑料以保持水分。在离底部大概5厘米的地方剪几个洞。往篮子里加入营养土，但别超过洞的高度。

3 把那些藤蔓的茎干用纸包起来，然后小心地穿过洞口。栽种时要让根部与营养土平齐，再覆营养土固定植物根部。

4 在篮子近中间处放一个小塑料花盆，可以用来蓄水。把短小的植物种在篮子边缘的位置，高大的植物要种在中间。用营养土把植物周围的空隙填满。

种植攀缘植物

在花盆里种上攀缘植物是不错的选择，它们可以长得很长，很适合靠在屏风上。但要保证有足够的空间供这些植物自由生长。

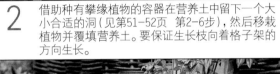

1　选择底部有排水孔、体积大而且能够防冻的花盆。在格子架的底部周围放一层碎瓦块来固定格子架并确保排水通畅。然后往盆里倒入壤土。

2　借助种有攀缘植物的容器在营养土中留下一个大小合适的洞（见第51-52页　第2-6步），然后移栽植物并覆填营养土。要保证生长枝向着格子架的方向生长。

3　在攀缘植物周围加入营养土，直到土表离花盆的边缘只相差5厘米。用软麻线把植物的茎干和格子架松松地系在一起。等到这些茎干长硬了，把线拆下来再系到茎干的前段。

4　用花洒朝上的壶给植物浇水，在营养土的表面加一层小石子或鹅卵石来装饰一下。在花盆的前面摆一些小的盆栽，看起来更随意、自然。

播种一年生植物

种植颜色鲜艳的一年生植物，最大的好处就是你每年都可以尝试新奇有趣的想法和组合。一年生植物在春天很容易养活，还能帮助花园主人在花园里没什么事情需要打理时，消磨一下时间。

小提示

很多小种子需要有光才能发芽。珍珠岩能透光，也能帮助种子保持水分。

1　在干净的花盆里装上适合的营养土，加入些园艺磨砂或者多角砂来帮助排水，快速轻轻敲几下花盆，促使营养土和磨砂都定位。

2　用温水给营养土浇水。耐寒的一年生植物播种后就可以放在室外了，半耐寒的植物则需要放在温暖而明亮的窗台上，但需避免阳光直射。

3　将种子播在营养土上。用筛过的营养土覆盖，覆土厚度按种子包装说明要求执行。太细小的种子播种前最好和细沙混合均匀。

4　清楚地标出种子名称和播种日期。如果你在一天之内播完所有种子，那这一点就更重要了。

用一年生攀缘植物做花塔

一些有特色的栽盆植物最好是放在显眼处，以便供人欣赏且打理起来更方便。这些圆叶牵牛花在春天播种后就会迅速生长。

1 把藤条或者老的枝干，如条状的连翘，插在装有营养土的盆子边缘。不用插得太整齐，因为它们很快就会被攀缘植物给遮掩了。

2 把这些藤条或枝干的上端系在一起。然后在中上部系上绳子或拉菲草来加强效果。种好植物后，还要多系一些绳子，让植物能更好地在不同藤条之间攀爬。

3 用泥铲或者勺子挖几个种植坑。把子苗小心地从盆子里移出来。通过叶子移动子苗，千万别动它们脆弱的茎干。一个坑里只能种一棵子苗。

4 把所有的植物都种好后，浇定根水。你可能会发现还需要再加一些藤条以助于植物攀爬，否则它们可能会爬错方向。

种植秘方

最成功的盆栽，就是把漂亮的植物和花盆结合在一起，展示出它们最美的一面。这一章节里的秘方能提供一些很不错的组合，不同的标记代表着不同的植物所需要的生长条件。

植物符号

♔   该植物获得RHS(英国皇家园艺学会)花园优异奖

土壤需求

◊   排水良好的土壤

◐   湿润土壤

◒   渍水土壤

日照需求

☼   全日照

☀   半日照

☼   全阴

耐寒性

❄ ❄ ❄   完全耐寒

❄ ❄   在温暖地区或有保暖措施的地点可以户外越冬

❄   从霜冻开始到整个冬天都需要保护

❋   不能经受任何程度霜冻的娇嫩植物

春天的味道

白色的风信子，以及蓝色的葡萄风信子带来了一场优雅的春之秀。风信子们都藏在它们像草一样的叶子里，而舞台的正中间还有一株非常美丽的富士樱。富士樱上的花已经开了很多，裸露枝干上的芽苞即将展开。当芽苞张开时，红铜色的叶子在前几周是非常吸引人的。到了夏天，富士樱的叶子会变成绿色，在秋天掉落之前，它们还会变成橙红色。

花盆要素

尺寸　直径15厘米的黏土盆（种风信子和葡萄风信子），和直径45厘米的上釉大口陶瓷盆（种富士樱）

配置　所有风格的花园

土壤　约翰英尼斯2号

地点　全日照的地方

购物清单

- 蓝壶花(*Muscari neglectum*)　　　8株
- 白色风信子 (*white Hyacinthus orientalis*)　　　3株
- 富士樱(*Prunus incise*)　　　1棵
- 蓝色风信子(*blue Hyacinthus orientalis*)　　　3株

种植与养护

在秋天种下风信子的球茎，种在离营养土表面大概10厘米的深度。种好以后要放在有阳光的地方，千万不要让它们淋大雨，然后就可以等着它在春天开花了。同样在秋天的时候，也要种下富士樱和葡萄风信子，同样是种在距离营养土表面大概10厘米的深度。等球茎开完花之后，就可以把它们移植到阳光充足、排水良好的花坛里去了。

富士樱在空旷的花园里会长到2.5米，而且伸展的范围很广。如果它长得太大了，也可以把它从盆子里移出来。如果你想就让它待在花盆里，那么每个春天都要给它剪根，夏天的时候可以给它剪枝定型。

蓝壶花 Muscari neglectum
❄❄❄ ◗ ◊ ☼

风信子 white Hyacinthus orientalis
❄❄❄ ◊ ☼

富士樱 Prunus incise
❄❄❄ ◗ ◊ ☼

风信子（蓝色）Hyacinthus orientalis
❄❄❄ ◊ ☼

冬去春来

初春时，会有很多能够散发出甜甜香气的花，比如"喷火"水仙（Narissus）。它大概只会长到20厘米高，比其他品种的水仙要更亮眼一些，花瓣是黄色的，而中间的喇叭部分是橘黄色的，更好地衬托了这株有着一簇簇奶白色小花的"绿茵"茵芋。这株雄性的茵芋可以使雌性的茵芋受精，比如"伊莎贝拉"，之后雌株就能结出红色的浆果。水仙和茵芋下方的空缺可以由欧报春（Primula vulgari）来填补，再加上一些小叶蔓常春藤，比如45厘米长的洋常春藤，可以让它的斑叶伸到盆外。

花盆要素

大小　直径45厘米、60厘米高的上釉陶瓷盆
配置　乡村风格的花园
土壤　约翰英尼斯2号
地点　斑驳的树影下

购物清单

- '喷火' 水仙 (Narissus)　　　　5株
- '绿茵' 茵芋 (Skimmia x confuse)1株
- 洋常春藤 (斑叶) (Hedera helix)　2株
- 欧报春 (浅黄色) (Primula vulgaris) 3株

种植与养护

秋天时，要先种下强势的茵芋，然后再种欧报春和洋常春藤，把水仙的球茎种在土壤下方大概10厘米的地方。如果茵芋长得太大了，可能需要分拆或者移种到大一点的盆里；如果根系有足够的生长空间，茵芋可能会长到3米高。要是盆子已经装不下了，也可以用一棵小一点的茵芋来代替它，然后把它移种到花园里去。多余的水仙很容易从营养土里挖出来，如果洋常春藤长得太长，定期掐一截下来就行了。

"喷火"水仙

"绿茵"茵芋

洋常春藤（斑叶）

欧报春

清新组合

用清瘦的披针形叶搭配瀑布式的蔓条，绿白相间，漂亮至极。澳洲朱蕉是制高点，它向四周发散的那些坚硬的披针形叶下面有着悬荡的金边吊兰、枝干长得很快且叶子非常好看的马达加斯加树，还有开着亮白色花的"白光"凤仙。

花盆要素

大小　直径60厘米、高60厘米的白色黏土盆

配置　现代风格的花园

土壤　约翰英尼斯2号

地点　有光影的地方

购物清单

- 金边吊兰 (*Chlorophytum comosum*) 2株
- 澳洲朱蕉 (*Cordyline australis*)　1株
- 马达加斯加树 (*Plectranthus madagascariensis*) 或者星花蓝雏菊"里兹白"　4株
- "白光"凤仙 (*Impatiens*)， 或者"阿尔巴"细叶萼距花　6株

种植与养护

朱蕉不是完全耐寒的，所以要放在庇护处过冬；如果温度已经低于冰点很多了，那么应该把它暂时搬到室内，一般种在窗台上或者室内。吊篮里的吊兰比朱蕉还要怕冻，虽然它夏天在室外能长得很茂盛，但是其他的季节都要把它放在室内。另外的几种最好都当做夏季一年生植物来种植，但是最低也需要15℃的马达加斯加树，在最冷的几个月里，最好是放进温室里。

金边吊兰

澳洲朱蕉

马达加斯加树

"白光"凤仙

大胆和花哨

这是一个用不同亮丽的颜色、丰富的香味来装饰花园门口有趣的设计。栗色、黄色和红色都是很惹眼的颜色。这样的盆栽可以放在安静的角落里，或者也可以当做路标把人引向花园的其他地方。巧克力秋英提供了一些垂直的趣味，它大概能长到60厘米高。有着丝滑的花瓣，在太阳的照射下还能散发出浓郁的巧克力香味。有着卷曲茎秆的鬼针草漫生开出黄色的花，秋海棠可以遮住花盆的边缘。不同大小的叶片（鬼针草那些张开的软绵绵的绿叶和秋海棠的大三角叶）增添了额外的乐趣。

花盆要素

尺寸 直径45厘米、高30厘米的上釉
黏土盆

配置 乡村风格的花园

土壤 约翰英尼斯2号

地点 全日照的地方

购物清单

•阿魏叶鬼针草 (Bidens ferulifolia)
或者万寿菊 (Tagetes)   3株
•巧克力秋英 (Cosmos atrosanguineus) 2株
•垂花秋海棠 (Begonia pendula)   3株

种植与养护

春末初夏种下这些植物，但要在霜冻结束后才能移出室外。当夏花开始开放的时候，要保证鲜花的供给，除了要不断摘去残花外，还要定期给花浇水施肥。这些花不喜欢冷湿的冬天，所以在秋天过了一半的时候，就要把它们搬回室内。剪掉枯萎的花，把盆栽打理好放在明亮又防冻的地方，植物进入休眠期以后，就不用太频繁的浇水了。春天到来的时候，用新的营养土重新把这些植物种一遍。

阿魏叶鬼针草
❄ ❄ ◐ ◇ ◇ ☀ 🏆

巧克力秋英
❄ ❄ ◐ ◇ ◇ ☀

可替代的植物

垂花秋海棠
❄ ◐ ◇ ◐ ☀ ☀

万寿菊 （备选）
❄ ◐ ◇ ☀

夏天的刺

这是一个层次分明、主题生动的大型设计，从最下面蓝色的半边莲，到中间茎秆竖直的蓝色鼠尾草，更高一点的地方还有橙红色的雄黄兰。这些植物都是围绕着醒目的尖叶朱蕉摆放的，朱蕉的叶子像章鱼的爪子一样张满花盆。笔直的直线和下面的散乱混合在一起，使得这个盆景放在哪里都很适合，就算是摆在很多盆景中间，它也很引人注目。

初夏时半边莲开出的花，意味着这个主题的苏醒，接下来鼠尾草也会开花，但是在夏末雄黄兰开放的时候，鼠尾草花开得正酣。别看雄黄兰在盆景里总是不太惹眼，但它可以营造出不一样的效果。

花盆要素

尺寸　直径45厘米、高45厘米的黏土盆
配置　正式或者随意的风格都行
土壤　约翰英尼斯2号
地点　全日照的地方或者有光影的地方

购物清单

- "太阳舞"澳洲朱蕉 (Cordyline ausralis) 1株
- "布城之光"雄黄兰 (Crocosmia)　　2株
- "蓝色剑桥"长蕊鼠尾草 (Salvia petens)　　　　　　　3株
- 半边莲（蓝色）(Lobelia)　　　4株

种植与养护

这些植物都不会造成什么困扰。朱蕉、鼠尾草和香根鸢尾都是耐寒的，因此冬天给花盆稍加保护即可，避免长时间的低温和大雨天气损伤花盆。一年生的半边莲到了冬天就直接丢掉，春末的时候再种上新的就行了。如果是长期种植，每过几年就要把香根鸢尾撬出来一些（最好是在移盆种植的时候），不然它就会改变这个设计的初衷了。

"太阳舞"　澳洲朱蕉
❄ ❄ ◊ ◊ ☀ ☼ ❀ ▽

"布城之光"雄黄兰
❄ ❄ ◊ ◊ ☀ ☼

半边莲（蓝色）
❄ ◊ ☀ ☼

"蓝色剑桥"长蕊鼠尾草
❄ ❄ ◊ ◊ ☀ ☼ ▽

粉色的温柔

这个美丽温柔的设计里有一株常绿的小斑叶常春藤，桃粉色的茎干悬在盆边上，上面有小簇的一年生的"吉普赛粉红"满天星，粉红色的大波斯菊是整个设计的焦点。这个设计吸引人的地方就在于颜色和叶片形状的对比：大波斯菊的叶片紧凑，而常春藤的叶片则是有棱有角的舒展开来。

像这样一个低调的设计最好放在很显眼的地方，比如花园里的桌子上，只有这样它才不会被埋没在背景里——这样做简直是太棒了！

花盆要素

尺寸　直径35厘米、高25厘米的上釉陶瓷盆

配置　随意的和乡村风格花园

土壤　约翰英尼斯2号

地点　全日照的地方

购物清单

• "索纳塔粉"大波斯菊 (Cosmos bipinnatus)
　　　　　　　　　　　　　　　　2株

• "吉普赛粉红"满天星 (Gypsophila muralis)
　　　　　　　　　　　　　　　　3株

• 常春藤（小叶，斑叶）(Hedera) 或者银叶麦秆菊 (Helichysum petiolare)　3株

种植与养护

这个设计里能长期种植的就是常春藤和银叶麦秆菊。一年生的大波斯菊和满天星在每年夏末时就要挖掉，然后播入新的种子。不过它们也可以被晚冬开花的番红花或仙客来取代。紫罗兰色带香味的天芥菜 (Heliotropium) 可以用来代替满天星。整个夏日，只要不断摘掉残花，就能延长花期。如果常春藤长得太长，也可以剪枝。

"索纳塔粉"大波斯菊

"吉普赛粉红"满天星

常春藤（小叶，斑叶）

可替代的植物

银叶麦秆菊（备选）

热带盆栽

这个热带盆栽里最重要的几个要素就是又大又茂盛的叶片（佛肚蕉）和独特形状的叶片（假栾树）和颜色（肾形草），还有特别的花（醉蝶花）。这个设计里也包括了有斑点叶片的马蹄莲和令人意外的披碱草。

热带盆栽不能看起来太整齐或者太不自然，所以要把高大的佛肚蕉种在一边，让它独霸一方，下面种上假栾树。披碱草要放在最前面。虽然花不是很明显，但也别让叶子把醉蝶花给遮住了。

花盆要素

尺寸　直径60厘米、高90厘米的亮色容器

配置　现代风格或者热带风格

土壤　约翰英尼斯2号

地点　全日照的地方

购物清单

- 醉蝶花（Cleome）　　　　　　1株
- 佛肚蕉（Ensete ventricosum）　1株
- 假栾树（Melianthus major）　　1株
- "安勒克"马蹄莲（Zantedeschia 'Anneke'）
  　　　　　　　　　　　　　　1株
- 披碱草（Elymus）　　　　　　1株
- 肾形草（紫叶）（Heuchera）　1株
- 桂圆菊（Spilanthes oleracea）　3株

种植与养护

要用一个不易被风吹倒的又大又重的盆子，最好还很惹眼。把它放在有屏障的地方，不然佛肚蕉的叶片会被吹掉的。夏天要好好浇水。佛肚蕉、马蹄莲和假栾树都受不了寒冷潮湿的天气（虽然假栾树要稍微好一点点），最好把它们都放在温度保持在10℃左右的花房里。记得要把一年生的醉蝶花和桂圆菊挖出来，第二年重新播种。

醉蝶花

佛肚蕉

假栾树

"安勒克"马蹄莲

披碱草　Elymus

肾形草（紫叶）

银色的微光

紫色叶片的常绿肾形草是很吸引人的，它能成功突显像灌木一样结实、有着银色叶片的常绿植物银旋花。仙客来叶片上复杂的斑纹，也能够衬托银旋花的银色，仙客来通常在秋天或者早春的时候开出有着长长的花瓣、能散发出浓郁芳香的花。

最后，银旋花和肾形草会漫出盆外——小一些的"灿灿"肾形草也许更适合这种小的设计。

花盆要素

尺寸　直径30厘米、高60厘米的拉丝金属容器

配置　夏末到秋天的现代设计

土壤　约翰英尼斯2号

地点　有亮光的地方

购物清单

- 仙客来奇迹系列 *(Cyclamen persicum Miracle Series)* (或者"旺达"报春花) *(Primula)*　　　　　　4株
- 大的（或者2株小的）银旋花 *(Convolvulus)(cneorum)*　　　　　1株
- "风暴海"肾形草 *(Heuchera)*　　　4株

种植与养护

仙客来是很脆弱的，所以要把它放在恒温的花房里防冻。种的时候，块茎的上部在刚刚破土而出的位置就正好了。当叶片褪色或植物开始休眠的时候，要把块茎移出来，一直到第二年初秋的时候，重新种植前都要保持干燥和适宜的温度。或者种些抗寒的仙客来品种，比如小花仙客来 *(C.coum)* 或者地中海仙客来 *(C.hederifolium)*，这些品种可以一整年都放在室外。

银旋花长大后，可以移种到花园里或者给它换个大盆子，周围可以种上颜色鲜艳的植物，比如深色叶片的肾形草。

仙客来奇迹系列

银旋花

"风暴海"肾形草

可替代的植物

"旺达"报春花

一篮冬花冬叶

这个吊篮的高度由光舞墨西哥橘决定，因为它被摆放在吊篮的最中间。墨西哥橘的新叶是亮黄色的，弥补了它很少开花的短处。而且这种亮黄色与匍匐白珠树深绿色的叶片形成对比。匍匐白珠树的叶片被压碎后会有很强烈的香味。夏天的白珠树会开出白色或粉色的小花，然后一整个冬天都会挂着红色的果子。其他的颜色来自于三色堇、金叶紫花野芝麻的白斑花叶和洋常春藤的深色叶片。

花盆要素

尺寸　直径为35厘米的吊篮

配置　正式或随意风格的花园

土壤　约翰英尼斯2号

地点　有斑驳树影的地方

购物清单

- 金叶紫花野芝麻 (Lamium maculatum) 或者金边扶芳藤 (Euonymus fortune) 4株
- 三色堇 (黄色) [Viola (yellow)]　3株
- 洋常春藤 (深色叶子) (Hedera helix) 2株
- 光舞墨西哥橘 (Choisya ternate)　1株
- 匍匐白珠树 (Gaultheria procumbens) 3株

种植与养护

细心照顾三色堇的花，来保证这个吊篮能够持续长一点的时间，三色堇的花和常春藤深绿色的叶片有鲜明的对比。剪掉一些匍匐白珠树的枝干，以突出红色的果实。

到后来，墨西哥橘会需要很多生长空间。虽然整体看起来很不错，但最好还是把它挖出来，因为它诱人的香味更适合种在院子里。紫花野芝麻也可以种到绿化带里去，因为它能很好地遮盖地面。

金叶紫花野芝麻
✻✻✻ ◗ ◖ ◐ ☀

三色堇 (黄色)
✻✻✻ ◗ ◖ ☀ ◐

洋常春藤 (深色叶)
✻✻✻ ◗ ◖ ☀ ◐

光舞墨西哥橘
✻✻✻ ◗ ◖ ☀ ◐ ♆

可替代的植物

匍匐白珠树
✻✻✻ ◗ ◐ ♆

金边扶芳藤
✻✻✻ ◗ ◖ ◐ ☀

冬季组合

欧洲红豆杉给这个设计提供了亮点。欧洲红豆杉能够长得很茂盛,只要有光照,就算是在冬天也是金黄色的。欧洲红豆杉估计能够长75厘米高;就算是枝折断,其生长趋势也需要很大的生长空间。百里香可以长到25厘米高25厘米宽,能够呼应整个设计的金色色调,常春藤可遮掩花盆的边缘。

花盆要素

尺寸　60厘米x30厘米、23厘米高的木质容器

配置　随意的冬日庭院

土壤　约翰英尼斯2号

地点　全日照的地方

购物清单

- 常春藤(斑叶) (Hedera)　2株
- 桔色的三色堇 (Viola)　3株
  '射手金'宽叶百里香 (Thymus pulegioides)　3株
- 欧洲红豆杉 (Taxus baccata)或者"直立约瑟普小姐"迷迭香 (Rosmarinus officinalis)　1株
- 橘色和紫色的三色堇 (Viola)　2株

种植与养护

欧洲红豆杉如果长得不太整齐就需要修剪,保证它不把其他的植物给遮住了。常春藤喜光照,百里香也是一样,定期剪枝百里香当调料也不错。要细心地照顾三色堇,以延长其开花期。

如果欧洲红豆杉长得太大了,用小株形替换,也可用迷迭香替换。迷迭香给人一种很硬朗的感觉,它能慢慢地长到1.2米。

常春藤(斑叶)
❄❄❄ ◐◐◇ ☼ ☀

三色堇(橙色)
❄❄❄ ◐◇ ☼ ☀

"射手金"宽叶百里香
❄❄❄ ◇ ☼

欧洲红豆杉
❄❄❄ ◇ ☼ ☀ ❦

可替代的植物

橘色和紫色的三色堇
❄❄❄ ◐◇ ☼ ☀

"直立约瑟普小姐"迷迭香
❄❄❄ ◇ ☼ ❦

吊篮里的厨房花园

在吊篮里弄一个迷你厨房花园是一件很简单的事。篮子越大越好，而且你想把它挂在哪里都行。要在吊篮的边缘处种一些樱桃番茄。最好的生菜就是即取即用的，你需要的时候要多少摘多少；红叶生菜，比如"罗马生菜"，能增加额外的色彩。加入一些香草，如鼠尾草、"柠檬宝石"万寿菊能给整个吊篮增加一些亮黄色。

花盆要素

尺寸　篮子越大越好

配置　离厨房近的地方

土壤　约翰英尼斯2号

地点　全日照的地方

购物清单

- "花园珍珠"或者"小提姆"　樱桃番茄 (trailing cherry tomato)　2株
- "黄斑"药用鼠尾草 (Salvia officinalis)　1株
  红叶生菜　例如："罗马"生菜 (red-leaved lettuce)　1株
- "柠檬宝石"万寿菊(万寿菊宝石系列) (Tagetes Gem Series)　1株
- 牛至 (Origanum vulgare)　1株

种植与养护

虽然你能买到很好的番茄和生菜，但是最好还是选点好品种自己种。早春在室内播下番茄的种子，春末夏初之前，都要摆放在窗台上，以适应寒冷气候。一周加一次番茄液肥。春天种下的生菜种子到了初夏就会发芽。记得多种几种生菜，出现空处时好及时补上。鼠尾草有全绿的、绿白相间的、绿粉相间的、白的，还有紫色的(三色的)。牛至最好买嫩一点的。如果牛至长得太大了，也可以移种到花园里去。

蔓茎樱桃番茄

"黄斑"药用鼠尾草

"罗马"生菜

万寿菊宝石系列"柠檬宝石"

打造一个主题庭院

在庭院里种一两钵盆栽并不是什么难事，完成一整套设计方案才真正具有挑战性。这一章节里，几个主题庭院展示出了统一而又能有效种植的设计方案所需要的元素。你既可以采用其中一个设计方案里的灵感，仿造出一个类似的庭院；也可以从不同的设计方案里挑出你喜欢的元素，加上自己的点子，创造出一个属于你的、独一无二的庭院。对于有些主题，比如热带风格的主题，你需要利用特定的植物才能达到理想的效果，但对于另一些，比如废弃物利用的主题，就可以自由地组合了。

开满鲜花的夏日庭院

为夏日庭院选出合适的植物组合并不是难事；难的是怎样安排布局，才能让整体看起来最舒服。在一个小庭院里，把一些色彩鲜艳的一年生植物和一些多叶的植物混合在一起，能营造出一种乡村花园的感觉。

分组的花盆（右图） 很深的隔离带看起来很像集体照，总是矮前高后地摆放，让所有的植物都能展现。但在有些庭院里，给植物分组可能效果会好很多。把五到七个花盆分成一组，每一组最高的植物都不要放在正中，而是把一些有趣的细节放在最前面。整个画面越是充满生气，越会让人从不同的角度去欣赏。

最大限度的种植（下图） 在又小又窄的庭院里，要尽可能地利用墙上和地上的空间，最大限度的种植植物。注意这里聪明地运用了桌上的花盆、墙上的花盆和窗槛花箱，来增加高度和乐趣。多叶的植物，如八角金盘和玉簪，给那些乡村风格的花提供了陪衬。

开满鲜花的夏日庭院

这里每个地方都讲得很细。当你买来植物，种好，重新摆放时，让它最特别的地方就是新奇的触觉：那简直棒极了！你完全不需要异域风情，或者与众不同的植物，就能办到这一点。

巧用木板箱（右图）　把植物种在优雅时髦的花盆里，或者种在又大又有趣的花盆里，都能明显提升视觉效果。同样的，巧妙地分组也能给植物加分。当然这只适用于那些便宜的一年生植物，比如矮牵牛花、雁河菊和紫菀，正如右图的展示，先把它们种在便宜的塑料盆里，然后放进用彩色防水材料涂刷过的木板箱里。浇水施肥后，它们会长得很茂盛，到了仲夏的时候，花盆会被繁茂的花完全遮掩。

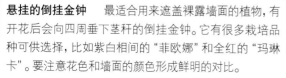

悬挂的倒挂金钟　最适合用来遮盖裸露墙面的植物，有开花后会向四周垂下茎秆的倒挂金钟。它有很多栽培品种可供选择，比如紫白相间的"菲欧娜"和全红的"玛琳卡"。要注意花色和墙面的颜色形成鲜明的对比。

装饰格子架　格子架通常就是用来覆盖整面墙用的，可以让攀缘植物在它上面缠绕生长，也可以给长有披针叶的植物提供支撑。但在竖直狭长的空间里，它可以用来固定盆栽，就像这里一样。一定要保证花盆都被固定好，用螺丝把它们固定在后面的墙上也行，因为浇水以后，花盆会变重。

加分的叶片　在设计你的夏花庭院时，叶片的形状、大小、颜色、质地和花一样都是值得认真思考的。因为它们充当的是背景而且还具有承接的作用。以常绿植物为例，如果开花植物进入休眠期，或者花还没完全开放的话，叶片也会成为非常重要的结构。观叶植物的看点，在于不同的形状和光泽度，比如有彩斑的叶片和掌形的大叶片。当然兼具花、叶的植物也包括在其中，比如秋海棠。

玉簪　　　　　　　　八角金盘　　　　　　　日本茵芋

花盆里的乡村花园　交错生长的植物，泌人心脾的各种芬芳，蝴蝶、蜜蜂以及夏日色彩的海洋，构成了有趣而无忧无虑的设计。而这些正是乡村花园最主要的元素。精心规划是实现这种效果最好的方式。简单地把盆栽都摆放在一起，让植物自由随性生长可不行。你必须控制那些向四周生长的植物，如熏衣草，让其乖乖地待在自己的花盆里，不要把它的邻居都淹没了。虽然不是被放在最显眼的地方，但还是要确保那些惹眼的植物没有被其他的植物挡住。表现乡村花园植物的关键，在于老旧的风格，而不是崭新的风格。适合用在这里的植物包括菊花类的花、大丽花、风铃草、送春花和大波斯菊。

木茼蒿（玛格丽特）　　薰衣草　　　　　　　送春花

领略地中海风情

地中海风格的花园可以是优雅别致的, 也可是自然闲散的。分散摆放的优势植物打造出整个场景的框架, 然后把那些小盆景放在它们的周围。试着从不同的点子中获得乐趣。

退一步 (下图)　这个庭院里的关键元素是碎石子、木板、铺路石和木质凉亭, 每一种材料都给植物提供了不同的舞台。亮红色的天竺葵, 给这片沙滩般适合耐旱植物的碎石子带来了活力。漂亮的木板上也有更多组合在一起的装饰性植物。开阔的平台很适合叶片大的植物, 比如玉簪和八角金盘。有些封闭感的凉亭, 是放置吊篮的绝佳地点, 同时也呼应了地中海风格的庭院。

细节 (右图)　这是从隔壁院子拍摄的同一个花园, 植物的巧妙混合, 凸显出叶片的形状、有特色的拱形和硬朗的竖线、垂荡的叶片以及平整的地面。

地中海风格的庭院

找到适合地中海风格颜色鲜艳的植物并不是什么问题（花店里就有很多），棘手的是选择哪些和怎么把你选好的植物组合在一起。

陶土盆   陶土盆是典型的地中海风格花盆。如果参观伊拉克利翁和克里特岛的关于米诺斯文明的博物馆，你就会看到能追溯到1450年或者年代更早的精致而巨大的地中海风格花盆。相对便宜的现代垂花陶土盆，和价格高一些的进口陶土盆，现在市面上都有很多了，它们都是仿造原来的样子做的。或者，你可以选择简单一点的款式，只要有明显的质感就行：粉红色的凤仙花很适合种在里面。不行的话，也可以试试马鞭草或者矮牵牛花。

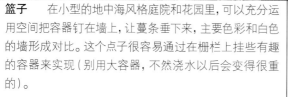

篮子   在小型的地中海风格庭院和花园里，可以充分运用空间把容器钉在墙上，让蔓条垂下来，主要色彩和白色的墙形成对比。这个点子很容易通过在栅栏上挂些有趣的容器来实现（别用大容器，不然浇水以后会变得很重的）。

结构性的支撑   通过不同的平面、抬高的花坛和高大的容器，来给你的设计注入舞台效果。花园尽头有一块地面抬高了，通向于此的台阶突出了依次摆开的花盆，给了它们一个视觉上的提升。碎石子和亮色的铺路石，形成了鲜明的对比，突出了陶土盆和彩色的植物。

水景　别只专注于花盆和结构，加入一些有趣的盛水容器或者喷泉。在相对荒凉的地方放置一个大型水景，在充足阳光的照射下，这个水景会让人立刻产生"走过去把手伸进水里"的想法。或者，在盆栽的常绿植物中，开辟一条小径引向一处很小的隐蔽点或树荫下，你可能会需要一只常驻在那里的青蛙。适用的花盆，包括木桶和特制的齐膝高的铸石，或者用混凝土筑一个小池塘，再用瓷砖装饰。墙壁喷泉也能增添一些乐趣。你可以选择能喷出一小注水的太阳能喷泉，但它不如用电动泵驱动的喷泉吸引人。选择水生植物的时候，别选会长得很大的，不然会显得拥挤。

调色板　从选择你的明星植物开始，要选择花期长的植物，不然夏天就被闲置了。试些易成活的植物，比如天竺葵、大丽花和马鞭草，也可以试种新品种。选择在传统地中海风格的庭院花园里，可以看到的亮色和暖色的植物。有漂亮叶片的常绿植物，可能比花还要重要，因为它们让花园在冬天里也能充满生机。巧妙地摆放这些植物，好让眼睛可以到处看而不是牢牢的定在一点。要不断地给植物换位子，还要经常尝试一下新的组合。盆栽植物的优势就在于所有的东西都是可以移动的。

可选择的植物

- 吊兰　　　　　Chlorophytum
- 金鸡菊　　　　Coreopsis
- 大丽花　　　　Dahlia
- 水杨梅　　　　Geum
- 芒草　　　　　Miscanthus
- 天竺葵　　　　Pelargonium
- 新西兰麻　　　Phormium
- 粉红马鞭草 pink Verbena

大丽花

金鸡菊

"克罗琳达"天竺葵

热带风情

可以营造热带感觉的植物非常的多，但通常会用亚热带的大叶植物，因为这类植物夏天放在室外很容易生长。和典型的英式花园完全不同的是，这里没有多少花，基本上都是引人注目的丛林一般的叶。

热带的效果（右图）　如果你有一个带温室的庭院或者有一个位于气候温和区域的郊区花园，那么你种植热带植物问题就不大了，虽然到了冬天那些脆弱的植物要移到暖和的地方去。如果室内没有地方摆放，最好就买耐寒一点的植物，比如棕榈，在零下几度的环境里也能活下来，稍微保护一下完全可以整年都放在室外。你最不需要的就是让花园敞开，因为叶片可能会被大风吹坏，所以一定要做好防护带。

寻找阳光（下图）　你的热带庭院里一定要有充足的阳光，记住如果你的房间不是朝南的，那么这个热带庭院可能不是在离你房间最近处。把喜阳的棕榈和多浆植物放在最热的地方。如果有必要的话，把耐阴的植物，如玉簪，放在一些异域植物的大叶片下面也行。

设计一个热带方案

热带方案是很容易完成的。挑选你的明星植物，用花和叶填补空缺，然后检查一下花盆和背景能不能很好地造出热带幻象。简洁是关键。

花盆和背景 对于大胆、有力的异域盆景，不要选择会抢走植物风头的花盆。植物才是主角。最多用外形特别或者上过色的花盆与植物平分秋色。背景里不能有一点点绿色（从木板到草坪都不行），这样才能让所有的绿叶都显得很惹眼。

不可或缺的搭配植物 搭配植物的选择也是很重要的，如果所有植物都是主角的话，那么它们一定会争得头破血流。用搭配植物把眼球引向不同的焦点。最可靠和最有效的就是喜阴的玉簪和蕨类植物。

- 细叶铁线蕨
- 墨西哥橘
- 欧洲鳞毛蕨
- 长阶花
- "蓝天使"玉簪
- "金边"高丛玉簪
- "法兰西斯威廉姆斯"

- 玉簪
- "花叶玉簪"
- "月桂树"
- 荚果蕨
- 马醉木
- 紫纹赤竹
- 景天

丰富多彩的颜色 热带景观需要少而精地运用颜色，足够吸引鹦鹉和大嘴鸟就行。传统的英式花坛植物，例如矮喇叭花和凤仙花是很理想的选择，更亮的大丽花、火炬花、姜花和鸢尾也是可以的。

脆弱植物的护理技巧 有4种方法可以处理脆弱的植物：把它们当一年生植物种，季末的时候挖掉就行了；从母株上截取插枝（同样季末要挖掉）；冬天的时候把植物盖住；或者用泡沫塑料包裹植物和花盆，或者用稻草包裹后放在细铁丝容器里。

可选的植物

矮棕　这种生长缓慢的矮种扇形棕榈树来自南欧，但是它喜欢更冷一点的地方。它有一丛丛茂密的叶片，叶片质坚且生长缓慢，而且它还是个异类，因为它的叶子不会被猛烈的风吹掉或者损毁。冬天的时候要移到室内相对冷一点的地方。

矮叶棕榈　这是长得更慢更整齐的棕榈，更小更直也更硬，同样有着展开的叶片。因其小巧而且特别坚韧，抗风性很强。冬天要移到室内相对冷一点的地方。

龙舌兰　这些来自美国的多浆植物生长得很慢。脆弱的美国龙舌兰有着不同寻常的、有锯齿边的带刺的长叶片，可以长到1.5米高。"金边"龙舌兰有着带黄边的叶片，但是要脆弱一些；"黄心"的叶片中央有黄色的条纹。

"流浪汉"新西兰麻　这是山亚麻的一个很艳丽的品种，有着大簇粉边的高大披针形青铜绿色的叶片。夏天开放的花只是个小奖励，后面极美的豆荚才更值得期待。

芭蕉　日本芭蕉对于气候温和的市内花园来说已经够耐寒了。它每年都能长大很多，长得像船桨一样的叶片能长到1.8米。在寒冷的地方，如果冻伤了的话就要剪掉叶片，用铁丝网把树干绑好，再用稻草包裹起来。

"金脉"美人蕉　有着45厘米高、竖直的、形似船桨的绿黄相间的叶片，放在太阳能晒透它的地方，可以达到最好的效果。仲夏的时候，叶片上会开出橘黄色、像唐菖蒲一样的花。冬天要用东西罩好。

老歌新唱

通过废物利用，找到一些别出心裁的方法，可降低成本并加强你花园的设计。把废旧的东西和新的混合在一起，但是要注意自己动手做的元素才是真正的重点，细节和整体一样重要。或多或少要来一点，什么东西都可以。

要有创意（右图）　废物利用的东西大多比设计师更有创意。所有的花器，不管是旧雨靴、拖鞋、罐子、菜锅，还是水壶都是很有实力的竞争者。如果你实在是挑不出来了，就到商店去找点有趣的容器或者古怪的东西也可以。甚至可以用敞篷的两座老爷车来做巨大的花盆。有些花盆，比如鞋，可能只撑得过一个季节，不过那也没关系。最重要的是植物都能长得很好、很容易给植物浇水以及水能自由地从排水孔排出来。

供植物陈列的梯子（下图）　四脚梯可以充当很好的置物台。可以在踏板上从上到下均匀地放置一些种有垂花的盆栽。把梯子放在隔离物的旁边，避免被风吹翻，然后继续在墙上和地上，使用废物利用的花盆来响应自己动手做的主题。

庭院中的废物利用

很多废物都能被用来营造特定的主题。你可以来个简单点的，搞个乡村风格的;也可以用暖色调的颜色，弄出一个墨西哥主题;又或者尝试一下东方感的主题。不变的是，你只需要几样东西就能营造出主题氛围。

富有想象力的点子　旧的澡盆或者大的容器，对于浓密的灌木，比如熏衣草(右图)，和那些会蔓延开来聚集成一大堆的植物来说，再适合不过了。如果花园里的土是重黏土，但是你想种一些需要种植在轻质和排水性好的营养土里的植物的话，比如石竹(Dianthus)，这些大容器就很适用了。当这些植物开始香气四溢时，最好把它们挪到座位附近。一定要保证这些废物利用的容器底部有足够多的排水孔。

比例要合适　花和水壶的比例还有颜色的组合，让这个摆件显得很惹眼。你可以选择最好看最有创意的废物利用的花盆来搭配最美的植物，但是如果它们不搭调的话，那你就要重新调整了。

吊着的杯子　三个搪瓷杯，绑在一起从一根梁上吊下来，就像三重唱。既然这种杯子底不好打出排水孔，那就连花盆整个放在杯子上吧。浇完水以后，把花盆拿开等多余的水排完了再放回去呗。

适合小花盆的植物

适合小花盆的植物有很多，从高山植物和一年生植物，到多浆植物都行。不过事一定要确定植物最终的高度和宽度，如果不能确定的话，那么最好带着你选好的花盆一起去商店，尽量选出最好的组合。你可以选几种不同的植物混在一起，或者把同种植物不同的颜色混合在一起。马鞭草有红色、白色、紫色和蓝色的；三色堇和凤仙花也有很多颜色可以选。

可选的植物

- 雏菊
- 仙人掌
- 捕蝇草
- 茅菜
- 凤仙花
- 龙面花
- 天竺葵
- 矮牵牛花
- 长生草
- 马鞭草
- 三色堇

凤仙花　　　　"圣保罗"美女樱/马鞭草　　　三色堇　　　　长生草

展示架　选定显眼的展示架，比如老书柜和建筑工地的托盘，也可以试着在旧货店里或者旧货销售时找些类似的东西（外观有一点像也可能上面已经涂上漆了），结构一定要坚固，最好是大一点的。

水景　继续独出心裁的自己动手做吧，把旧的橡皮轮胎当假山。中间的金属管子里插入一个大小合适的软管，顶端放置一个中间有洞的倒置的铜碗。水喷出来以后就会沿着轮胎流下来。

盆栽的养护

盆栽植物所获取的土壤中的养分和水分是有限的，需要定期打理才能保持强壮和健康。不像种在地里的植物可以从土壤里获取充足的水分和养分。在这一章节里，探究了让土壤保持潮湿和让植物吃得饱的方法，还帮助你了解可能对植物构成威胁的病虫害。此外，还有冬季为脆弱的植物保暖的方法，以及怎样移盆种植，给植物一个更大的生长空间。

给盆栽植物浇水

盆栽依靠你来得到它们所需要的东西，夏天可能只要几个小时它们就会干透，这时候给它们提供救命的水就是当务之急。这里的几种方法，不仅能帮你节省时间，还能减少浪费。

增加含水量　把保水凝胶和营养土均匀混合在一起（要按照说明使用）。这种凝胶吸收水分后会膨胀到原有体积的好几倍，然后会慢慢地把水分释放给植物，一次可以持续几个月。这类凝胶适合用在轻质、水分蒸发快的营养土里和生长快的植物。

何时浇水　盆栽除了在结冰的时候，一年内其余的时间都需要浇水。冬天，雨水可以提供部分水分，但还是要根据实际检查盆栽土壤，因为树冠或周围建筑物都有可能挡住了雨水。一般在早晚浇水，因为这两个时段水的蒸发量最低。用集雨桶收集的雨水，可以给成年盆栽浇水；幼小植株，则需要用自来水浇灌。

怎样浇水　最好的浇水方法，是在喷壶上接一个合适的花洒，这样水流比较均匀，不会把营养土冲实。如果没有花洒，那就在花盆的一角放一小块石片或老瓦片，向下倾斜，然后慢慢地把水倒上去。这样做，也能让水均匀流动，防止土壤板结。在花盆的每一个角落，都要这样重复一遍。

保持吊篮潮湿　在有风的夏日,吊篮比其他大部分容器都要干得快。可用保水凝胶(看前一页)解决这个问题。买一根特制的软管来浇水,可以减轻高处浇水之劳。

自动洒水系统　这套东西有点贵,而且装起来有点麻烦,但能节水,尤其是在你外出旅游时是很有帮助的。可以事先设置好洒水时间和洒水量。你所需要的就是一个室外水龙头和附近一块可以把盆栽并排摆放的地方。如果你有很长一段时间不在家,还能让人去看看系统是否运作正常。

抢救干透的盆栽　如果盆里的营养土已经收缩了,在盆里加几滴洗涤剂,让它重新湿起来。对于枯萎得很厉害的植物,可放在阴凉处,把整个花盆放在一盆水里浸30分钟后取出。如果植物已经倒了,把整个花盆泡在一桶水里,直到不再冒气泡后取出,在阴凉的地方一直放到第二天早上。

给盆栽植物施肥

对于盆栽植物来说，它一生中大多数时间，都依靠你在生长的季节里施肥，来保证它能开出茂盛的花，并能强劲地生长。

在种植之前 6周以后，无土营养土就完全没有价值了，因为它的养分要不就已经都被冲走了，要不就已经被植物吸收完了。对于壤土营养土来说，这个时间大概是8-10周。从那以后，你需要定期给植物加入肥料，或者加入一些缓释的肥料。春天的时候就要把这些颗粒肥料（像小鸡蛋一样）加到营养土里。这些肥料效用大概能持续一个季节，它们吸收水分后会慢慢释放出养分。

什么时候和怎样施肥 植物需要均衡的养分来生长、开花和发展强壮的根系，但前提是它们要积极地生长。依照说明书来做也是很重要的。营养过剩并不能使植物长得更大更强壮——事实上，过量的化学物质会对植物造成令人难以置信的伤害。如果你用的不是缓释的颗粒肥料（或者类似的肥料），试着用液肥或者粉末状的肥料（要溶解在浇花的水里使用）。植物主要的食物，是能促进枝叶生长的氮（N）、能帮助维持根系健康的磷（P）和促进花和果实生长的钾（K）。相对的用量一般都写在包装上，例如，氮、磷、钾的比例6：4：4。

花和果实的肥料　定期施钾肥对于像番茄和大丽花，还有在吊篮里的植物来说是非常重要的，钾含量高的肥料能促进果实和花芽的发生。一般在第一个花芽出现时就要加入钾肥，大量新芽和根系的成长为植物打下良好全面的结构基础是至关重要的，这时千万不要过早地使用钾肥。

叶生长营养素　大多数植物在成长初期都会从均衡肥料中受益，之后就会加入特定的肥料。氮含量高的肥料能促进叶的生长，对于有些植物来说，比如叶子花，在添加钾肥促进开花前就需要含氮量高的肥料。观叶的植物，如玉簪（下图）和鞘蕊花，夏天需要借助氮肥来促进叶片的完美呈现。

养护喜酸植物　有些植物，例如映山红、山茶花（下图）、山月桂和杜鹃花，厌碱性土壤，要把它们种在特别的酸性（杜鹃科）营养土中。营养土的pH值为6.5或者更低（pH值表示营养土的酸碱度）。这类植物都会有特别的标注。在给它们浇水时，最好是用雨水，如果用不了雨水就要用凉开水。

长期种植的盆栽植物　每隔一年生长季（由植物自己的生长决定）开始的时候，长期种植的盆栽植物就得恢复活力，不然很快就会老化。这其中包括了扩盆、换营养土和换盆。扩盆是指把植物移种到装有新营养土的更大的容器里去，大容器能够给植物的根系提供更多的生长空间。通过换营养土，最上面2.5厘米厚的营养土会被一层新的营养土代替。换盆是把植物从原盆中取出，以新土取代老土，再把植物种回盆里。

盆栽的整形修剪

为了让植物的花期能够持续长久，刺激灌木和攀缘植物的生长和塑形，需要掌握快速、简单和高效的两种技能：去除残花和修剪整枝。

去除残花　对于维持植物的整体外观效果来说，剪掉凋谢或者已经死掉的花是很重要的。这样能保持植株的观赏效果——没什么比残花更难看了。也意味着植物不会把能量用在生产种子上，而是用于开出更多质量更好的花，这样做就能延长花期了。

为什么要修剪　很多灌木和攀缘植物，需要通过修剪来刺激生长和定形，更好地展示它们的花朵。修剪还能除去植物病残枝、废枝和枯枝，使所有的能量都用来长出健康、强壮的枝干。修剪的时候，知道接下来会发生什么是很重要的。通常新芽都会从被剪掉枝条的下方再长出来。重剪一般都会刺激植物强烈生长，而轻剪带来的效果则是有限的。行动之前，一定要看看你的植物需要的是重剪还是轻剪。

何时修剪　年幼的落叶灌木应在冬天休眠时修剪，或在种植后，剪出一个有吸引力的形状。除了李属的植物是在夏天修剪以外，其他乔木也是在冬天修剪。成熟的落叶灌木如果春天在前一年长出的枝干上开出了花，那么花期后就要修剪了。如果灌木夏天里在当年新长出的枝干上开出了花，那么在早春将它们修剪。落叶的攀缘植物也做类似修剪，依照开花的时间来决定剪枝的时间。常绿植物一般是在仲春到春末之间的时段修剪。修剪的时候要用干净锋利的工具，而且一定要戴防护手套。

如果灌木的芽是对生的，那么就要平着剪。

对于芽是互生的，就要在芽的正上方斜着剪。

把相互摩擦的枝干去掉，因为它们会互相造成磨损。

剪掉所有死掉或快死的枝条，保证植物的健康生长。

给落叶灌木和攀缘植物修剪　在强壮芽的上方约5毫米处斜着剪下去，切面最好背对芽，以利雨水流走。剪之前判断哪些芽对造型有帮助，试着留下它们，在它们的上方剪枝。如果芽是对生的，那就在它们的正上方平剪下去。

- 叶子花
- 铁线莲
- 粗齿绣球
- 锦带花
- 紫藤

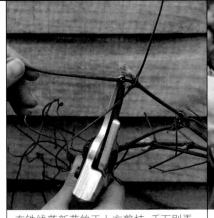

在铁线莲新芽的正上方剪枝，千万别弄坏芽。

春天给粗齿绣球修剪，开过花的枝干要在新的健康的芽胞上方修剪。

给常绿植物修剪　把死掉的或者已经没有价值的枝干整个剪掉，或者剪到新枝芽冒出来的地方。千万别一直剪到熏衣草老的褐色的枝干，因为它们不会再长出新芽了。稍做全面修剪，以便定型。要把凋谢了的花也剪掉。

- 小檗
- 胡颓子
- 扶芳藤
- 短尖叶白珠树
- 十大功劳
- 马醉木
- 川西荚

在春天新芽还没长出来时，小心地剪掉所有已经枯死的部分。

为了更好地造型，这株"十大功劳"的强势枝干在春天要彻底剪掉。

修剪藤本　蔓条长得又长又密看起来最出效果。为了让植物长得更密一点，定期在生长季里要把蔓尖掐掉，可刺激植物长出更多的枝芽。如果蔓条过多而且大多数蔓条又短又不下垂，在春天时修剪这些蔓条，以促进更多枝芽向下方生长。

- 意大利风铃草
- 银叶麦秆菊
- 半边莲
- 旱金莲

把灌木一样的银叶麦秆菊过长的枝干剪掉。

在春天和夏天定期修剪来帮助植物长出更多的蔓茎。

害虫问题

人类不能躲过疾病的困扰，植物也免不了有害虫和疾病的威胁。幸运的是，大部分这类问题都能通过有机或无机的方法解决或减少，除非是一些罕见的情况。花园还是会一如既往的漂亮。

预防攻击   生物防治包括通过浇水给花盆里的营养土加入致病的线虫（微型动物），在合适的温度条件下，线虫能够杀死葡萄象鼻虫蜒蚰鼻涕虫（不要结合化学防治使用）。其他的生物防治还可以对付红蜘蛛、粉虱和蚜虫。

提前采取措施   定期检查植物的新芽，因为吸食树汁的害虫一般会聚集在那里。如果你不检查叶片的反面，这些害虫可能就会躲过一劫。如果你看到了蚜虫，马上用手指压扁它们，不然它们会到处作怪。甲虫、鼻涕虫和毛毛虫也可以用手处理它们。

化学防治   不到万不得已的时候，最好不要使用化学防治（比如，夏末出现的小规模害虫时）。选择适当的产品，严格按照说明书使用，安全储存，一定要放在儿童拿不到的地方，也千万不要和其他的化学品混合。只有在无风的清晨或傍晚，才可以使用化学防治。

利用害虫天敌   化学防治中有毒的化学品可能会进入并污染食物链，为了代替化学品，可以为一些野生动物，比如瓢虫、青蛙和鸟，打造栖身之处，它们能够帮助消灭掉鼻涕虫、蚜虫和其他不速之客。虽然不能像使用化学品一样很快让害虫消失，但是你应该考虑长远的影响再做决定。

识别常见的害虫

蓟马　也叫做牧草虫，这些又黑又小又窄的虫子，会在炎热干燥的条件下出现并吸食树汁，造成银白色的斑点。

葡萄象鼻虫　这些肥壮、发白、无腿、褐色脑袋的幼虫，在土里会吃掉植物的根，造成植物的死亡。成虫有黑色的甲壳。

潜叶虫　那些虫道——叶片上白色或棕色的干枯处——是由它的幼虫造成的。它们危害菊类植物。

红蜘蛛　极小的蜘蛛螨虫（冬天的时候是微红的）会在温暖干燥的条件下出现。它们一般藏在叶片反面，使叶片变成黄白色。

百合甲虫　这种亮红色黑脑袋的甲虫很容易被发现，在英格兰和威尔士的百合和贝母上都能找到。

毛毛虫　这是飞蛾和蝴蝶的幼虫。大多数毛毛虫会吃掉叶片，有些毛毛虫也会攻击植物的茎干和根系。

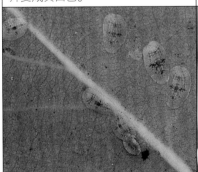

介壳虫　这些黄色或者灰白色的小虫子依靠树汁存活，在植物的叶片和茎干上都能找到。它们能分泌出黏稠的蜜汁。

蚜虫　这种吸食树汁的小昆虫繁殖得很快，会阻碍植物生长。发现它们以后一定要迅速采取措施，因为它们繁殖的速度实在是太惊人了。

鼻涕虫和蜗牛　这两种黏滑的软体动物一般是不可避免的，一般都在晚上进食，会把新的枝干、花和叶片都咬穿，还会毁掉植物的新芽。

预防疾病

在不利的环境中，尽管健康的植物抵抗力更强，但对疾病也是没有免疫力的。这里对相应的症状和最好的解决办法做个简单的介绍。

赶快行动　一般很难早期发现真菌（虽然有些是看得见的）、病毒和细菌，但它们对应的症状总是不变的。不管是哪种情况都要赶紧采取行动，比如喷药后把感染的部分剪下后烧掉，这样做，病情应该就会得到控制。

应对疾病　真菌和细菌的感染主要是通过孢子来散播，叶和土壤里的水分会促进感染。不感染是不可能的，因为孢子是借助风来传播的，不过你还是可以把影响降到最小，例如在它传播更多孢子之前，迅速地剪掉被白粉病攻击的叶和茎干。如果是月季，那就要选择抗病的品种。月季总会定期感染黑斑病，要不你就种点别的植物，或者你就从早春开始，每周或每两周的早上，给月季喷些合适的杀菌剂来预防黑斑病。喷洒时，一定要戴上手套，或者洒完以后马上把手洗干净。剪掉染病的枝叶以后，也要给你的剪枝剪消毒。

检测病毒　病毒可能会成为植物生长的主要阻碍，它们会消耗植物的活力，减缓植物生长速度，而且常常造成植物褪色。它们通常通过吸食树汁的昆虫来传播，所以需要为鸟、瓢虫（在空枝干里冬眠）和其他天然的蚜虫捕食者提供栖息地。你也可以种一些像万寿菊一样能吸引寄生蜂的植物，寄生蜂依靠蚜虫繁殖后代。如果你决定喷洒药物来处理蚜虫，可能也会杀死它们的捕食者，让蚜虫的下一代肆意作乱。所以最好还是先看看捕食者能不能处理好这个问题再决定要不要喷洒药物。郁金香很容易感染"破花使者"病毒，这些病毒会把花变成很显眼的白色，还会留下羽毛一样的标记（右图），然后它会继续传播去感染其他的郁金香。

识别常见的疾病

锈病　叶或茎干上出现小的亮橘色或深棕色的泡，感染的区域会枯萎死亡，这是在潮湿条件下由真菌引起的。通常都不是什么大问题；剪掉感染的部分，然后喷洒合适的杀菌剂就行了。

月季黑斑病　在温暖潮湿的条件下经常出现，会在叶片上形成褐色的斑点，然后叶片会变黄并掉落。有些品种的月季更容易感染；要不就反复的撒药，要不就从春天开始修剪，然后烧毁掉落的病叶。

白粉病　白色粉末状的孢子和变黄的情况——开始一般会发生在长得高一点的叶上，这种病是干燥条件下由真菌造成的。定期浇水、剪掉感染的部分，并将其迅速烧掉，然后喷洒药物就能解决了。

杜鹃花蕾枯萎病　花苞被细小的黑色真菌覆盖而不能开花，并且会变成棕色，也能就这么挂几年都不会脱落，但不是所有的花苞都会受影响。这种真菌在仲夏的时候借助叶蝉散播。能做的只有把感染的花苞剪掉。

煤污病　通常是黑色的（有时候是绿色的），由吸食树汁的昆虫分泌出的蜜汁上生长的真菌造成，病源可能在邻近植物稍高的叶片上。解决办法是消灭吸食树汁的昆虫。

灰霉病　这是一种很常见的真菌在衰败和死掉的组织上产生毛毛的灰白色的霉。要剪掉感染的部分并马上烧毁。可以通过保持通风、避免植物过度拥挤和剪除枯枝败叶来预防这种病。

护盆过冬

冬天脆弱的植物,很可能因为温度低于零度,而使盆土里的根被冻死。但是只要你在秋天的时候,肯花几分钟就能帮助它们过冬了。

把脆弱的植物搬到室内   在降温之前,把那些在冬天里需要高于结霜的温度才能生长的植物,搬进轻度加热的花房、温室,或者相对保暖的室内。偶尔给它们浇浇水就行。

把易碎的花盆包好　很多花盆，尤其是不耐寒的装饰花盆，都需要防寒保护。用旧麻布袋（最好是双层的）把它们给包严实了，然后用花园里专用的绳子上下两道系牢。

给脆弱的植物保温　在大降温之前，把那些需要防寒保护的盆栽，用园艺羊毛毡包好。把花盆挪到庇护点，比如小花房，等到天气回暖后，再把园艺羊毛毡拆下来。

给陶土盆做内衬　春天的时候，把泡沫塑料嵌在陶盆里可以减少水分的蒸发，而在冬天降温的时候，泡沫塑料则可以保护植物的根系。不像那些地栽植物，盆栽植物的根系离寒冷也就几毫米之遥，所以冬天帮助盆栽植物保护根系是很重要的。

需要保护的植物　总的来说，原产气候温暖地方的植物都需要防寒保护。有些植物本可以在严寒里存活下来，因为它们原产地冬天很干燥，所以在潮湿的土壤里会被冻死。如果把它们种在排水性良好的营养土里，并放在荫蔽处，应该不会有什么问题。其他的植物就需要包好以后搬进室内了，当然，保护的程度也会有所不同。

需要冬日保护的植物

- 蔓性风铃花
- 莲花掌属
- 库拉索芦荟
- 酒瓶兰
- 秋海棠属
- 叶子花属
- 木曼陀罗属
- 仙人掌
- 柑橘属
- 石莲花属
- 倒挂金钟
- 银叶麦秆菊
- 天芥菜属
- 多花素馨
- 马缨丹
- 蒲葵
- 芭蕉属
- 夹竹桃
- 天竺葵属
- 蒂牡花属

木本曼陀罗（黄花）　　马缨丹　　天竺葵属

给生长期的灌木换盆

所有长期种植的灌木都需要移栽到一个大一点的容器里，通常是每隔一年的春天进行换盆。这样做能给根系提供更多的生长空间和更新鲜的营养土。

1　把花盆侧放在地上，让另一个人按住花盆，然后抓住植物的枝干轻轻地把它拔出来。如果担心把植物弄伤，找一把长刀，沿着花盆内侧滑动把根和盆子分开。

2　根系可能已经变成了一块紧紧的大疙瘩，用手叉把它们都分开，然后把营养土和表面的苔藓都给抖掉。这样做的目的是把根系都分开。

3　修剪粗状的主根，注意最多只能剪掉其三分之一，但是要把细小的须根留下。修剪根系能刺激植物长出更多须根来吸收水分和养分。

4　把老的瓦片放进新花盆的底部，倒入新的营养土后给植物定位。把植物竖直地放在盆子的中心，倒入更多的营养土，把植物固定好后浇定根水。

种植指南

本章介绍的这些植物都很适合盆栽，并且已经按照它们的高度和对日照的需求分组归类。很多植物都获得过RHS（英国皇家园艺学会）的年会大奖，意味着这些植物都很适合放在花园里。

植物符号

🏆　　　该植物获得RHS(英国皇家园艺学会)花园优异奖

土壤需求

◌　　　排水良好的土壤

◐　　　湿润土壤

●　　　渍水土壤

日照需求

☀　　　全日照

◑　　　半日照

◉　　　全阴

耐寒性

❄ ❄ ❄　　完全耐寒

❄ ❄　　在温暖地区或有保暖措施的地点可以户外越冬

❄　　　从霜冻开始到整个冬天都需要保护

❆　　　不能经受任何程度霜冻的娇嫩植物

喜阳的大型植物

"大富翁"青麻 (Abutilon ´Nabob´)

有着像槭树一样常绿的叶和宽松的茎，夏天开深红色的花。要给它弄一根结实的藤条引导它竖直地生长，夏天要好好浇水，每个月要加一点液肥。冬天要搬入室内，少浇水。春天需要轻剪。

高: 1.8米　冠幅: 1.8米
❄ ◑ ○ ☀ ♈

龙舌兰 (Agave americana)

一种有莲座丛的造型感很强的多浆植物，"金边"龙舌兰长着坚硬带刺的黄边尖叶，适合种在仙人掌专用营养土里。夏天要好好浇水，偶尔加入一点液肥，但是冬天要保持干燥并罩起来。

高: 1.2米　冠幅: 1.2米
❀ ◑ ○ ☀ ♈

木通 (Akebia quinata)

这种巧克力葡萄藤，因为春天深紫色小花而得名，这种小花在暖和的日子里能散发出香草的香味。放在有阳光的墙边，用线来引导和支撑它的茎干。如果有必要的话，春天可以稍微修剪一下。

高: 1.8米
❄ ❄ ◑ ○ ☀

映山红 (Azalea)

有两种类型: 适合放在室外的大映山红和适合放在室内的杂交小映山红。在户外品种中，75厘米高的"玫瑰芽"在春天开粉红色的花; 长得更高一点的"弗雷亚"在晚春开橘色的花。两种映山红都需要杜鹃专用土，并放在能够避风的地方。

高: 1.3米　冠幅: 1.3米
❄ ❄ ❄ ◑ ○ ☀

"红色欧哈拉"叶子花

(Bougainvillea ´Scarlett O´Hara´)

这是一种很艳丽的地中海风格的攀缘植物，可作隔离带里或成为庭院里的焦点。秋天需剪掉侧芽，只留下三四个芽。夏天要大量浇水，还要施一些高氮肥。冬天要搬入室内。

高: 2米
❀ ◑ ○ ☀ ♈

大花曼陀罗

(Brugmansia suaveolens)

这种木曼陀罗有着长管状的白色或黄色的花，其香味在傍晚时最浓烈。它们的大叶片很有标志性，但很容易被风吹毁，所以一定要把这些小喇叭花放在能够避风的地方。

高: 1.8米　冠幅: 1.8米
❀ ◑ ○ ☀ ♈

大花曼陀罗（黄花）（Brugmansia suaveolens yellow-flowered)

这是一种华丽而高大的植物，有着巨型的热带叶和能散发出香气的黄花。要放在挡风且阳光充足的地方，仲秋就要搬进室内了。早春需要修剪。

高: 1.8米　冠幅: 1.8米
❀ ◗ ◊ ☼

墨西哥橘（Choisya ternata）

是一种很好的常绿植物，能开出非常香的白花。把叶子碾碎后，会有一股胡椒味。开完花后，可以通过彻底修剪来刺激它再次开花。可以通过重剪来造型。

高: 1.2米　冠幅: 1.2米
❄ ❄ ❄ ◊ ☼ 🏆

柠檬

（Citrus limon x meyeri Meyer´）

柠檬树（多为灌木）很容易在花盆里生长，夏天很适合室外。如果有充足的水和养分，可以产出果实。果实一般需要6-9个月才会成熟。冬天，需要放在有一定湿度的温室里。

高: 1.8米　冠幅: 1.2米
❀ ◗ ◊ ☼ 🏆

"儒贝尔博士"铁线莲

（Clematis´Doctor Ruppel´）

落叶的攀缘植物，有直径20厘米深粉色大花，花瓣有带状花纹，颜色稍深些。初夏开花，夏末会复开。早春需要修剪枝干一半的长度。要让新的枝干沿着格子架生长。

高: 1.8米
❄ ❄ ❄ ◗ ◗ ◗ ☼

长瓣铁线莲

（Clematis macropetala）

落叶攀缘植物，早花品种之一，晚春后开钟形的蓝色小花。栽培品种有深蓝色的"拉贡"和熏衣草蓝的"梅德维尔大厅"，喜避风且阳光充足的地方，需要提供支架来攀爬。

高: 2米
❄ ❄ ❄ ◗ ◗ ◊ ◗ ☼

电灯花（Cobaea scandens）

这种长得很快的一年生攀缘植物，能开出亮丽的钟形花，这些花会从奶绿色变成紫色。需要提供格子架或者拉紧的线墙让它们依附。要把周围其他惹眼的植物都挪开，不然它们一定会被闷死的。

高: 3.6米
❀ ◗ ◊ ◊ ☼ 🏆

喜阳的大型植物

澳洲朱蕉 (Cordyline australis)

生长缓慢的新西兰巨朱蕉的外形最适合盆栽了。紫红澳洲朱蕉长又尖的叶片上，有着红铜色色调；"托贝达兹拉"的叶片有奶白色的条纹和边缘。夏天要适度的浇水，冬天少浇一点。

高: 1.2米　冠幅: 1.2米
❄ ❄ ❀ ⬤ △ ☀ ⚱

雄黄兰属 (Crocosmia)

不是典型的盆栽植物，但可在大的容器里种几年后再分株或移种到花园里。亮红色的"魔鬼"是最好的品种之一；"东方之星"会在夏末开橘色的花。盆栽太拥挤时可于春天分株。

高: 1米　冠幅: 8厘米
❄ ❄ ⬤ △ ☀

悬果藤 (Eccremocarpus scaber)

是典型的常绿攀缘植物，能够长得非常茂盛并开出整簇橙红色的花。这些花可以从春末一直开到秋天。支架是必需的，能够避风和充足的阳光也同样是很重要的。

高: 3米　冠幅: 3米
❄ ❄ ⬤ △ ☀

"弗雷德里克" 胡颓子
(Elaeagnus pungens 'Frederici')

盆栽常绿植物之一。这种结实而生长缓慢的灌木的黄色叶片有深绿色的边。有甜甜的香味，秋天开白花，夏天还能结出红色的果。"斑纹"胡颓子会有更多的黄色叶片。

高: 3米　冠幅: 3米
❄ ❄ ❀ ⬤ △ ☀

八角金盘 (Fatsia japonica)

常绿的八角金盘，能给一个阴暗的小角落带来很强的存在感。种植这种植物就是为了它那些形状特别、裂纹很深且富有光泽的大叶片和秋天奶白色的花。如果长得太大，春季修剪主干后，新的枝芽很快就会长出来。

高: 1.8米　冠幅: 1.8米
❄ ❄ ⬤ △ ☀ ☀ ⚱

无花果 (Ficus carica)

普通的无花果都有成簇的浅裂大叶片。要用38厘米宽、60厘米深的盆；放置在有阳光且有遮蔽的地方。夏天要好好浇水，每周要施少许肥。幼树时，可在春季把枝干剪到只剩一半的长度，为其多产打下基础。

高: 2.5米　冠幅: 2.5米
❄ ❄ ❀ ⬤ △ ☀

"大奥姆" 长阶花

(Hebe *´Great Orme´*)

常绿，适合盆栽。这种紧凑的灌木有带刺的粉红色花。从仲夏到仲秋，花会逐渐褪成白色。还有富有光泽的绿叶及深紫色的芽。春天可以稍修剪。

高: 1米　冠幅: 1米
❀ ❀ ◐ ◊ ☼ ☼ ♔

"金叶" 啤酒花

(lupulus *´AureusHumulus´*)

生长非常快的多年生攀缘植物。从春天到秋天都有大量的黄绿色叶，能和其他的攀缘性植物形成鲜明的对比。能顺着有阳光的格子架或线墙生长。花可做成干花和插花。

高: 4米
❀ ❀ ❀ ◐ ◊ ☼ ♔

"欧茨爷爷" 牵牛花

(Ipomoea *´Grandpa Otts´*)

这种牵牛花有很多颜色可选，这里是一年生很显眼的紫色品种。可以顺着老藤或其他攀缘植物甚至灌木往上爬。春天播种以后非常好养，不过要避免暴晒。

高: 1.8米
❀ ◐ ◊ ☼

素方花 (Jasminum officinale)

这种繁茂的攀缘植物的白花，在夏天能散发出浓郁的香气，最好是种在有遮蔽的花盆里。幼苗会快速的缠绕在老藤上，但成熟的植物则需要线墙来支撑。如果有必要，春天可以重剪。

高: 2.7米
❀ ❀ ◐ ◊ ☼ ♔

"津山桧" 欧洲刺柏

(Juniperus communis *´Compressa´*)

理想的生长缓慢、苗条笔直的亮绿色针叶树种，在高山植物或圆形的小针叶树中显得很惹眼；基本上不需要养护。"布莱恩海弗莱德金" 春天会长出金色的新叶。

高: 1.2米　冠幅: 30厘米
❀ ❀ ❀ ◐ ◊ ◊ ☼ ♔

马缨丹 (Lantana camara)

一种会在散乱的枝干上开出成簇夏花的常绿灌木。花的颜色也有很多，如白色、黄色（会逐渐变成红色）、橘色、粉红、红色和紫色，并混杂在一起。可以进行直立式修剪。最好是把它们放置在墙边，冬天要搬进室内。

高: 1.2米　冠幅: 1.2米
❀ ◐ ◊ ☼

喜阳的大型植物

香豌豆 (Lathyrus odoratus)

一年生攀缘植物，有很多种颜色。最好的品种会有很强烈的香味。可以在秋天或者早春播下种子，等它长到8厘米高的时候，通过摘心来刺激生长。用几根老藤插在盆里围成一个圈后用绳系好，让其攀援生长。

高: 2米
❄❄ ◗ ◊ ☀

月桂 (Laurus nobilis)

最适合做直立式修剪，其主干直径可达90厘米以上，会长出气味芳香的常绿叶片。要摆放在阳光充足且能够避风的地方。夏天可以给它整形修剪。

高: 1.8米　冠幅: 45厘米
❄❄ ◗ ◊ ☀ ☀ ♈

狐尾百合 (Lilium *Citronella Group*)

这些近头高的百合很适合种在大花盆里，它们那些亮柠檬黄的花，就像悬在空中的蝴蝶一样美丽。把它们放在朱蕉和假栾树之间，能形成很鲜明的对比。

高: 1.3米
❄❄❄ ◗ ◊ ☀

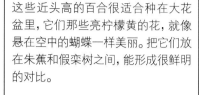

岷江百合 (Lilium regale)

这种百合在夏天能产生轰动效果。仲夏它们会开出尾部是紫色的小喇叭似的花，还会散发出一种强烈的香味。种球要在秋天种下，种在土面下大概20厘米的深度，间距10~20厘米。

高: 1.2米　冠幅: 90厘米
❄❄❄ ◗ ◊ ☀ ☀ ♈

蒲葵 (Livistona chinensis)

坚硬竖直的树干上，有着富有光泽、深裂的圆形叶片。生长慢，一年只会长出几片叶。理论上是可以长得很大的，但如果是种在盆里，一般不会超过90厘米。

高: 90厘米　冠幅: 45厘米
❁ ◗ ◊ ☀ ♈

红花半边莲 (Lobelia cardinalis)

这种多年生的植物喜湿，茎干是红紫色的，叶青铜色，花鲜红色。在盆栽中会很惹眼（千万不能让它太干了），可以把它放在池塘边的水篮里生长。冬天要搬进室内，种在潮湿的土壤里。

高: 1.2米　冠幅: 90厘米
❄❄❄ ◗ ◊ ☀ ☀ ♈

假栾树（Melianthus major）

造型感很强的植物之一，这种浓密的植物有着带锯齿的灰绿色大叶片。需要光照和遮蔽，尤其是在冬天枝叶枯萎的时更需遮蔽。如果会受到严重的霜冻威胁，应给花盆增加防寒保护。

高：1.2米　冠幅：1.2米

❄ ◊ ☀ ♈

袖珍银香梅

（Myrtus communis subsp.tarentina）

常被种在墙边有遮蔽的盆里，是一种茂密的地中海灌木。常绿的叶碾碎后会散发出芳香的气味。夏末开粉白色的花，之后会结白色的果。忌寒冷多风。如果有必要，春天可以修剪。

高：1.2米　冠幅：60厘米

❄ ❄ ◊ ◊ ☀ ♈

夹竹桃（Nerium oleander）

观叶观花植物。夏天开粉色的花，花期较长。非常具有代表性"卡萨布兰卡"的花是白色的，"鲁比雷斯"的花是红色的。质地坚韧的叶又细又尖。冬天要少量地浇水，晚冬可以修剪造型。

高：2米　冠幅：1米

❄ ◊ ◊ ☀

酒瓶兰（Nolina recurvata）

一种根部在土里膨胀的常绿植物。主干很短，上部的叶又长又细而且向四周散开。种植时使用小1号或2号的花盆。只有表面的营养土已经干透时才需要浇水。冬天要搬进室内，少浇水。

高：1.8米　冠幅：1.2米

❀ ◊ ☀

油橄榄（Olea europaea）

橄榄树能开出黄色的小花，要经过一个寒冷的冬天和一个又长又热的夏天才能产出橄榄。夏天要小心浇水，每个月加点液肥；冬天只能少量地浇水。自花授粉的"阿格兰度"是最耐寒的品种。

高：3米　冠幅：2米

❄ ❄ ◊ ☀

西番莲（Passiflora caerulea）

这种充满活力的常绿攀缘植物有着蓝色的花。这些令人吃惊的花，有白色的花瓣、一个黑圈、蓝色的丝膜和绿色的花柄。要把它放在室外有阳光且能够避风的地方，记得提供格子架或者线墙，让其攀爬向上生长。

高：2.7米

❄ ❄ ◊ ◊ ☀ ♈

喜阳的大型植物

新西兰麻 (Phormium tenax)

多年生，有一簇像剑一样的叶子，夏天开出的花是暗红色的，花穗较长。"炫光"麻兰的叶为青铜色，上面有粉色、红色和橙色的条纹。"斑叶"山麻兰的叶缘是奶黄色的。冬天要放在能够避风的地方。

高: 2米　冠幅: 1米
❋ ❋ ◊ ◊ ☀ ♈

红萼藤

（ Rhodochiton atrosanguineus ）

一种不同寻常但非常好种的攀缘植物。从夏天一直到秋天它都能开出粉紫色伞形的花，花中间还会伸出一个长长的褐红色花冠筒。可以把它当做一年生植物种在室外，在花盆里搭好藤架或者线墙来引导它往上爬。

高: 1.8米
❋ ◊ ◊ ☀ ♈

"金秀"月季

(Rosa 'Golden Showers')

一种不同寻常的能自由开花的攀缘植物，开出的花（很容易剪下来）有甜甜的香味，花色从明黄变成柠檬黄或奶黄，花序簇生，就算在大雨中也不会掉落。是蔷薇科里最适合种在阴面墙边的品种之一。

高: 2.5米
❋ ❋ ❋ ◊ ◊ ☀ ♈

"布莱斯韦特" 月季

(Rosa 'L. D. Braithwaite')

一种非常漂亮的明红色月季，长得非常松散。完全绽放的花只有在数量接近峰值时才会散发出香味。晚冬重剪的程度可以达到一半甚至三分之二；轻剪可以让夏天的枝干再开出少量的花。

高: 1.1米　冠幅: 1.1米
❋ ❋ ❋ ◊ ◊ ☀ ♈

"直立约瑟普小姐" 迷迭香

(Rosmarinus officinalis)

这种迷迭香长得又硬又直，在冬天能给安静的花园增加点生气。可以把它打薄一点，剪下的部分可以当做厨房里的调料，还可防止它长太大。亮蓝色的花会在仲春开放。

高: 1.2米　冠幅: 1.2米
❋ ❋ ◊ ◊ ♈

深蓝鼠尾草(Salvia guaranitica)

如果需要又高又直又能开出深蓝色花的植物，深蓝鼠尾草会是很理想的选择。它在冬天需要防寒保护（要把枝干剪得只剩土里的部分）。夏季要充分浇水，每个月要加点肥料，冬季只能少量的浇水。

高: 1.2米　冠幅: 60厘米
❋ ◊ ◊ ☀

相似野扇花(Sarcococca confusa)

这种植物在隆冬开出芳香的白花,之后结出黑色的浆果。其适应性很强,可以放在阴凉处。也可以放在太阳下,但要保持营养土湿润。春天可以给它定型。

高: 1.2米　冠幅: 75厘米
❄❄❄❄ ◊ ◊ ◊ ☀ ☆ ♆

蓝钟藤(Sollya heterophylla)

常绿,有很细的相互缠绕的茎,整个夏天都会开出浅蓝色的花,之后会长出圆柱形的豆荚。从秋天一直到次年的初夏都要放进温室或者防冻的花房里。也有开粉色花的品种。

高: 1.2米
❄ ◊ ◊ ◊ ☀ ♆

番茄(Tomatoes)

果实的颜色很多,有粉色、紫色、黄色、橙色和红色。这种植物播种之后很容易生长。记得要把它绑在坚固的藤条上。开了四五簇花后,就要把主茎、侧芽都剪掉,定期施肥且要大量浇水。

高: 1.8米
❀ ◊ ◊ ☀

络石(Trachelospermum jasminoides)

常绿,有清香味,需要顺着线墙或者附近强壮的植物攀缘生长。富有光泽的绿叶在冬天会变成红铜色。需种在向光处。如果它长得太过茂盛了,开花后可以修剪。

高: 4.5米
❄❄ ◊ ◊ ◊ ☀ ☆ ♆

矮叶棕榈(Trachycarpus wagnerianus)

这些小型的棕榈有着竖直的树干和散开的闪亮而坚硬的树叶。如果长期室内种植,它不会长得很大。夏天可以把它放到室外,但冬天一定要保护起来。

高: 2.4米　冠幅: 75厘米
❄❄ ◊ ◊ ☀

凤尾兰(Yucca gloriosa)

有着长得像剑一样的叶,且外形出众。夏末的时候会整簇地开出白色的花。"黄边"品种的叶缘是黄色的。夏天要适当浇水,冬天要少浇一点。

高: 1.2米　冠幅: 1.2米
❄❄ ◊ ☀ ☆ ♆

喜阴的大型植物

鸡爪槭（Acer palmatum）

落叶鸡爪槭有很多栽培品种，人们种植这类植物多为欣赏其春天的嫩芽，夏天舒展的叶片以及秋天的叶色。记得要避免冷风和霜冻。生长缓慢的槭树叶缘是裂开的。

高：1.2米　冠幅：2米
❄❄❄ 🌢◌◌ ◐ ☀

日本桃叶珊瑚（Aucuba japonica）

桃叶珊瑚富有光泽的叶子，会形成一个圆形的灌木丛。仲春偶能开出红紫色的花；雌株秋天能结出红色的浆果。它的品种包括能自己结果的"绿角"和有金色斑点的"金边"。夏天要好好浇水，还要加入液肥。

高：1.8米　冠幅：1.8米
❄❄❄ 🌢◌◌ ◐

山茶（Camellia japonica）

栽培品种会在早春开花，花红色、粉色和白色。这种常绿灌木极适宜种植在大花盆里，适合用杜鹃专用土，避免冷风和清晨的日照。开花后可以通过轻剪来造型。

高：1.8米　冠幅：1.2米
❄❄❄ 🌢◌◌ ◐

威氏山茶（Camellia x williamsii）

杂交品种不仅冬天能开花，早春和晚春也能开花。花的颜色很多，从银白色一直到深粉色都有。花形紧凑的粉色"赠品"从晚冬开始就开花了。种植条件参照山茶花。

高：1.8米　冠幅：1.2米
❄❄❄ 🌢◌◌ ◐

枇杷（Eriobotrya japonica）

常绿，是一种观叶灌木（或者小乔木），坚韧的叶片能长到30厘米。又长又热的夏天过后，它能开出像山楂一样的白花。白色的花在秋天里会从毛茸茸的花苞里开出。要放在阳光充足且能够避风的地方。

高：1.8米　冠幅：2-3米
❄❄ 🌢◌◌ ◐ ○ ☀ 🏆 ⚘

华西箭竹（Fargesia nitida）

有着密集的微弓形紫绿色茎干。最好放在很开阔的地方；记得要避免浓荫。一定要把它们种在土和腐殖质营养土的混合土里，最好选择直边花盆。夏天要好好浇水并添加肥料。

高：3米　冠幅：1米
❄❄❄ 🌢◌◌ ◐

熊掌木（x Fatshedera lizei）
常绿攀缘灌木，是常春藤和八角金盘杂交品种，富有光泽的坚韧大叶片远胜过它在秋天开出的小绿花。最好放在有点树阴的墙边，但是如果天气恶劣的话，还是需要保护起来的。

高: 1.8米　冠幅: 1米
❄❄💧◌◌☼☼🏆

密花姜花（Hedychium densiflorum ）
这是多年生姜花中株型最高的品种，来自喜马拉雅山脉，外形出众。它的尖叶很长并富有光泽，夏末，整簇橘色或黄色小花会散发出香味。

高: 4米　冠幅: 1.2米
❄❄💧◌☼

鹰爪枫（Holboellia coriacea）
常绿攀缘植物，生长很强劲，春天能开出很香的花（雄株的花是淡紫色的，雌株的花是绿白色的）。要把它放在有点树阴或者全日照且有遮蔽的地方，线墙能够帮助它攀缘生长。

高: 3.6米　冠幅: 1.2米
❄❄💧◌☼

宽叶山月桂（Kalmia latifolia）
山月桂是一种长得很浓密的灌木，晚春后能从抑制芽中开出粉色的花。最好的品种包括能开出粉色的花、树干上有斑点的"斑点"和"粉红魅力"。适宜种植在杜鹃专用土中; 开花后可以稍稍修剪。

高: 1.5米　冠幅: 1.5米
❄❄❄💧◌☼🏆

中裂桂花（Osmanthus x burkwoodii）
是香味花园里的首选，这种常绿的圆形灌木，在仲春和晚春会被管状的白花覆盖。富有光泽的坚韧叶片，能给夏天的花园带来活力和生机。夏天要好好浇水，每个月要施少量液肥。

高: 1.5米　冠幅: 1.5米
❄❄❄💧◌☼🏆

欧洲红豆杉（taxus baccata）
这种植物很适合主题花园的造型。常绿的红豆杉可以被修剪成各种几何外形。"斯坦迪斯"是一种很不错的盆栽品种; 1.2米高、60厘米宽的它们可形成一个个金黄色的圆柱形。夏末可以剪枝造型。雌株能结浆果。

高: 2.5米　冠幅: 1.2米
❄❄❄💧◌☼🏆

喜阳的中型植物

蔓性风铃花

（Abutilon megapotamicum）

这些像灌木一样的植物，夏天会被红色和黄色的花及新鲜的绿叶覆盖。要让它微弓的主干顺着墙或把它绑在老藤上生长。夏末就要做好防寒措施。春天要把侧芽剪掉2/3。

高：90厘米　冠幅：90厘米
❄❄💧◐☀🏆

黑法师（Aeonium 'Zwartkop'）

这是一种既独特又很流行的植物，灌木状的茎干顶端，有一圈深紫色近似黑色的叶片。适宜仙人掌专用土，土层表面上要放一层小石子。夏天要大量浇水，见干再浇。冬天要保持干燥。

高：90厘米　冠幅：90厘米
❄❄💧◐☀◐🏆

百子莲属（Agapanthus）

蓝色或白色的百子莲最适合种在凡尔赛风格的浴缸里或装饰性的花盆里，厌重质土。就算是耐寒的品种也怕寒冷。寒冷时多不会开花，所以最好选择"杂交海德伯恩"的品种。夏天要好好浇水，每个月都要施肥。

高：75厘米　冠幅：45厘米
❄❄❄💧◐☀

芦荟属（Aloe）

是一种很有吸引力的多浆植物，夏天在直立的刺上开出黄花，带刺的肉质长叶呈灰绿色。夏天可放室外，其余季节则要放在室内。夏天要适度浇水，冬天只能少量浇水；偶尔施少量肥。

高：60厘米　冠幅：60厘米
❄💧☀🏆

尾穗苋（Amaranthus caudatus）

这种植物戏剧性地被称为尾穗苋是因为它那些长长的亮红色花穗，这种典型的一年生热带植物，从仲夏到秋天都很具观赏性。需要好好地浇水和施肥。要在春天播种，放有遮蔽处，绑在老藤上能够帮助其生长。

高：90厘米　冠幅：90厘米
❄💧◐☀

苋（Amaranthus tricolor）

有着火焰般的浓密叶子，最红处像口红一样。稍微朴实低调一点的品种是绿色的，但有时也会掺杂一些铜色、金色或者粉色。"雁来红"是红色和金色的。春播。

高：90厘米　冠幅：30厘米
❄💧◐☀

"鲍克斯顿"春黄菊

（Anthemis tinctoria *'E.C. Buxton'* ）

春黄菊能在夏初给乡村风格的花园增添一些浅柠檬黄色的花。"美丽瓜拉克"的花是金橘色的，"荷兰酱"的花是浅橘色的。开花后要齐根剪断，以刺激它重新生长。

高: 60厘米　冠幅: 60厘米
❄ ❄ ◊ ☀

除虫菊

（Argyranthemum foeniculaceum）

一种不可或缺的像灌木一样的植物，有着像菊花一样的白花。春天可以通过掐尖来刺激生长，去掉残花能够促其长出新的花苞。秋天开始就要保护起来了，次年春天可修剪。

高: 90厘米　冠幅: 60厘米
❄ ◊ ◊ ☀

"波维斯城堡"艾

（Artemisia *'Powis Castle'* ）

有浓密的银色羽状叶片，是一种很好的"对比植物"，可用来和强烈而大胆的颜色进行对比，或把它放在色彩柔和的主题里也行。春天枝干上开始出现新芽时进行重剪。

高: 60厘米　冠幅: 90厘米
❄ ❄ ◊ ◊ ☀ ♈

"烽火"落新妇（Astilbe *'Fanal'* ）

夏天有深红色的花和深绿色的叶。其他的品种包括夏末会开出紫红色花的"紫红"；晚春能开出淡紫色花的"橘色"和能开出白色花的"迷光"。夏天要保持营养土潮湿。

高: 60厘米　冠幅: 45厘米
❄ ❄ ❄ ◊ ☀

美人蕉属（Canna）

美人蕉到哪里都能成为焦点。"怀俄明"有着棕紫色的叶和紫色的斑纹；"德班"的叶有绿色或粉色斑纹，但两种都会开出橘红色的花。霜冻来临前，齐根剪断地表生长部分，然后把根茎贮存在可防冻处。

高: 1.5米　冠幅: 45厘米
❄ ◊ ◊ ☀

日本矮花柏

（Chamaecyparis pisifera *'Nana'* ）

小簇的针叶树，适合种在旧水槽里，亮绿色的叶片背面有点银色。其他品种有黄斑的"金羽"和"矮世界图"以及叶尖上有白色斑纹的"银脉"。

高: 75厘米　冠幅: 60厘米
❄ ❄ ❄ ◊ ◊ ☀

喜阳的中型植物

醉蝶花 (Cleome hassleriana **)**
适合种在大容器中的一年生品种，花丛虽小但很能吸引眼球。竖直的能散发香气的花瓣有很多种颜色（白色、粉色、淡紫色和紫色），茎和叶交汇处有很锋利的刺。适合播种。

高: 90厘米　冠幅: 40厘米
❀ ◊ ◊ ☼

银旋花 （ Convolvulus cneorum **)**
这种紧凑的灌木整个夏天都会开花，白色的花中间是黄色的。花会从粉色的花苞中绽放，和银绿色的叶形成鲜明的对比。适合排水性良好的沙质营养土和全日照，冬天加遮盖物。开花后可通过轻剪来造型。

高: 45厘米　冠幅: 60厘米
❀ ❀ ◊ ☼ 🏆

巧克力秋英
（ Cosmos atrosanguineus **)**
有着很不同寻常的深红色花，开在又长又细的茎干上，周围少叶。在炎热有阳光的日子里，其花会散发出巧克力的香味。冬天要防寒保护，偶尔浇水。

高: 60厘米　冠幅: 45厘米
❀ ❀ ◊ ◊ ☼

大波斯菊 (Cosmos bipinnatus **)**

这种彩色的一年生植物春播后很容易成活。茎干上端能开出白色、粉色或者红色的花，有着华丽的叶片。品种包括紧凑的索纳塔系列和花瓣会卷起来的"海贝"。去掉残花可刺激植物开出更多的花。

高: 90厘米　冠幅: 45厘米
❀ ◊ ◊ ☼

"花俏"三色菊 (Chrysanthemum carinatum ´Court Jesters´ **)**
这种一年生植物播种后很容易成活。头状花序，白色或黄色花，紫色的花心周围有一圈红色的环。生长很快，分枝也很快，夏季花期很长。

高: 45厘米　冠幅: 23厘米
❀ ◊ ◊ ☼

"兰达夫" 大丽花
（ Dahlia ´Bishop of Llandaff´ **)**
这种植物非常受欢迎，鲜红色的花和黑红色的叶。当叶片受冻变黑（或者在仲春），齐根把茎斩断，把种球倒置在通风防冻的地方3周。冬天要存放在树皮堆里。

高: 75厘米　冠幅: 45厘米
❀ ◊ ◊ ☼ 🏆

"海莉简" 大丽花
（Dahlia´Hayley Jane´）
花为双色，主体是白色，边围粉紫色。很适合放在色彩柔和的设计主题里，也可衬托更强烈的颜色。春种时要在土里插几根老藤。盆栽可防止鼻涕虫。参照 "兰达夫" 大丽花。

高: 90厘米　冠幅: 60厘米
❄ 💧 ◯ ☼

"希尔克雷斯特极品" 大丽花
（Dahlia　´Hillcrest Royal´）
艳紫色的外形很抢眼。4周后可以通过摘心来刺激其长得更茂盛并开出更多的花，要经常疏掉残花败叶。仲夏要施番茄专用肥，以促使长出更多的花苞。参照 '兰达夫' 大丽花。

高: 75厘米　冠幅: 45厘米
❄ 💧 ◯ ☼ ♏ 🏆

"月火" 大丽花（Dahlia´Moonfire´）
这是一种很好种的小型大丽花，有亮黄色的花和铜色的叶。把它种在其他高杆、鲜艳的大丽花前面，或者放在优势植物的周围。同样参照 "兰达夫" 大丽花。

高: 60厘米　冠幅: 30厘米
❄ 💧 ◯ ☼ 🏆

"火焰" 卫矛
（Euonymus alatus´Compactus´）
这种矮小茂密的落叶卫矛深绿色的叶，在秋天会变成深红色。分枝为软木；夏天开出不明显的亮绿色花后，会长出浅红色的果实。夏季忌干旱。

高: 75厘米　冠幅: 75厘米
❄ ❄ ❄ 💧 ◯ ☼ ♏ 🏆

蓝羊茅（Festuca glauca）
这种植物有着银蓝色像豪猪一样的刺。不管把这种常绿植物放在哪种风格的设计里都很不错，尤其是和那些雕塑感很强的植物放在一起，效果更好。夏初和仲夏时会有花穗。亮蓝色的 "青狐" 是非常不错的品种。

高: 30厘米　冠幅: 25厘米
❄ ❄ ❄ ◯ ☼

"西洋棋盘" 倒挂金钟
（Fuchsia　´Checkerboard´）
这种植物适合直立式修剪。优雅的倒挂金钟的花是红白相间的。整个夏天花苞都会不断更替，需要定期施肥。春天可以通过修剪来刺激它生长。冬天要做好防寒保护，保持潮湿就行。

高: 75厘米　冠幅: 45厘米
❄ 💧 ◯ ☼ 🏆

喜阳的中型植物

"塔利亚"倒挂金钟
（Fuchsia *Thalia*）
一种与众不同的品种。花红色细管状，和条纹的橄榄绿叶形成鲜明的对比。它长得很直，显得朝气蓬勃，晚春需要摘心，以促其更茂盛生长。夏天要施肥，初秋做好防寒保护。

高：75厘米　冠幅：75厘米

奇洛埃格林菊（Grindelia chiloensis）
一种夏天开花的灌木（暖冬地常绿），粗壮的单茎顶端盛开着像矢车菊一样的黄花。花被浓密的灰绿色叶衬着很显眼。喜日照和排水良好的营养土。要及时剪掉冻坏部分。

高：75厘米　冠幅：75厘米

光亮长阶花（Hebe vernicosa）
这种源自新西兰的圆形常绿灌木有着富有光泽的深绿色叶片。缀满白花的细小花穗（一开始可能是浅紫色的）在初夏就会出现。如果有必要，可在花谢后进行轻剪。

高：60厘米　冠幅：90厘米

绣球（Hydrangea macrophylla）
绣球有两种形态：蓬头型和蕾丝帽形，蓬头型有圆球形花团，而蕾丝帽形则是扁平的花团。种在酸性土壤里，能开出淡紫色的花；种在碱性土壤里，则开出粉色的花（白色的品种还是开白花）。记得要种在避风处。

高：1.5米　冠幅：1.8米

熏衣草属（Lavandula）
有香气的灌木熏衣草能够吸引蝴蝶和蜜蜂。狭叶熏衣草有灰绿色的叶片，"海德柯特"能开出紫色的花且叶片偏银色，"罗登粉"的花是浅粉色的。法国熏衣草的花瓣是深紫色的，长得有点像兔子的耳朵。

高：1米　冠幅：1米

花烟草（Nicotiana alata）
这种烟草夏天能开出粉色、黄绿色、白色和紫色的花，晚上能散发出香味。叶片大而独特，春天播种，开花后可以放在显眼处。

高：90厘米　冠幅：30厘米

"丽球" 山梅花

（Philadelphus 'Belle Etoile'）

仲夏香味最好的灌木之一，适合种在大花盆里和半阴半阳处，要给其根系和冠部提供足够的生长空间。夏天要大量浇水，每月施肥。花谢后修剪可让其长出新的花苞。

高：90厘米　冠幅：1.8米
❄❄❄ ◗◊ ☼ ❦ ▼

"流浪汉" 新西兰麻

（Phormium 'Sundowner'）

适合用于强调造型感设计的植物。铜绿色的叶片很直，叶缘粉色。夏天黄绿色的花在叶片上方绽放。喜排水性良好的营养土。

高：90厘米　冠幅：90厘米
❄❄ ◗◊ ☼ ▼

洒金千头柏

（Platycladus orientalis 'Aurea Nana'）

一种圆形的小型针叶树。扁平叶在冬季为黄绿色，春天时会长出更黄的新叶，这种颜色可以一直持续到秋天。是一种很好造型的盆栽植物。

高：90厘米　冠幅：90厘米
❄❄❄ ◗◊ ☼ ❦ ▼

"变色" 香水月季

（Rosa x odorata 'Mutabilis'）

一种很漂亮的月季，春天有大量的粉红色新茎和叶，夏天花期很长。始花浅黄色，后变粉红色，凋谢前还会变成猩红色，看起来就像一张混色的地毯。晚冬可重剪到只剩一半。

高：90厘米　冠幅：90厘米
❄❄ ◗◊ ☼ ❦ ▼

蓝色鼠尾草（Salvia x sylvestris）

鼠尾草的三重唱——还有华丽鼠尾草和森林鼠尾草——形成了很有吸引力的圆形灌木丛。初夏的时候，花穗从叶片中冒出，上面是一簇簇蓝色的花。"玫瑰女王"开出的柔粉色花夹带着些许粉色。

高：60厘米　冠幅：23厘米
❄❄❄ ◗◊ ☼

红星茵

（Skimmia japonica 'Rubella'）

冬日很出众，整簇红棕色的小花苞（黑绿色的叶片上）开在红色的茎干上。仲春后开花。如果把雄株种在雌株旁边的话，雌株还会结出浆果。花谢后可以通过轻剪来定型。

高：1.2米　冠幅：1.2米
❄❄❄ ◗◊ ☼ ❦ ▼

喜阴的中型植物

舌状铁角蕨
（Asplenium scolopendrium）
有型的常绿植物，具富有光泽的坚韧叶片。较好的品种有"卷曲胶衣组"，叶缘呈波浪形；"鸡冠胶衣组"的叶尖有冠毛。夏天追施50%稀释液肥。

高: 60厘米　冠幅: 60厘米
❄❄❄ ◐◑○ ☀◐ ☀ ♛

"天龙之翼"秋海棠
（Begonia 'Dragon Wing'）
一年生品种，多为红花，能从夏天一直开到被霜冻冻坏（也有粉色和白色）。适合放在吊篮里，茂盛的枝叶垂下来的样子很好看。夏天要好好浇水，还要施肥。

高: 30厘米　冠幅: 35厘米
❄ ◑○ ☀◐ ☀

"矮紫"小檗（Berberis thunbergii 'Atropurpurea Nana'）
这种小型的紫色落叶灌木在秋天非常美，因为其叶片在秋末落叶前是火红色的。是一种很不错的庭院植物，四季都很具观赏性。

高: 60厘米　冠幅: 75厘米
❄❄❄ ◐◑○ ☀◐ ☀ ♛

"半灌木"锦熟黄杨
（Buxus sempervirens 'Suffruticosa'）
一种长得很茂盛的小叶灌木，在园艺设计中用得很多。在夏初和夏末时可以对它进行修剪造型，凭借眼力或者模具来造型都可以。记得要额外买一棵先试验一下造型。夏天要施肥。

高: 1.2米　冠幅: 1米
❄❄❄ ◐◑○ ☀◐ ☀ ♛

布赫南氏苔草（Carex flagellifera）
一种来自新西兰生长茂盛的多年生植物。有着铜色的披针形长叶，米黄色的花穗会在夏天开放。把它放在亮绿色的植株下方，如"魔鬼"雄黄兰，可有效地衬托其他植物。易存活，但要避免过度浇水和严重缺水。

高: 90厘米　冠幅: 90厘米
❄❄ ◐◑○ ☀◐ ☀

大王桂（Danae racemosa）
这种灌木一样的植物春天会长出像竹子一样的细长新芽。其叶片很有吸引力，开出的白色小花能够稍稍加分，而红色的浆果则是一个大大的奖励。早春要剪掉老的枝芽。秋天分株。

高: 75厘米　冠幅: 75厘米
❄❄ ◐◑○ ☀◐ ☀

桂叶瑞香（Daphne laureola）

这个品种没有其他瑞香香味浓，但这种常绿植物有着富有光泽的深绿色叶片，晚冬和早春的时候还会开出小簇小簇的黄绿色花，之后还能结出黑色的果实。

高: 75厘米　冠幅: 1.2米
❄❄❄❄◑◌☼☀✿🏆

欧亚瑞香（Daphne mezereum）

这种有香味的落叶灌木在晚冬和早春都很美。粉紫色的花会开在光秃的枝干上。在它底下可以搭配春天开花的球根植物以弥补它花谢后的空缺。周围可种一些屏障来聚集它的香味。记住千万防止夏天盆土晒干。

高: 90厘米　冠幅: 90厘米
❄❄❄❄◑◌☼☀✿

欧洲鳞毛蕨（Dryopteris filix-mas）

这种很容易存活的雄性蕨类远远不止间隙搭配物那么简单。那些鲜绿色的新叶在春天会从土里钻出来并展开，夏天叶片会变成暗绿色。早冬要把它剪回到与土层平齐的高度。

高: 75厘米　冠幅: 75厘米
❄❄❄❄◑◌☼☀✿🏆

"罗比"扁桃叶大戟

（Euphorbia amygdaloides var. robbiae）

一种浓密的常绿多年生植物。春天会开出浅绿色的花，花在夏天会变成深绿色，最后会变成珊瑚红。种子一般会落在地上或墙上的裂缝中。花谢后要齐茎基部斩断。

高: 75厘米　冠幅: 30厘米
❄❄❄❄◑◌☼☀✿🏆

洋常春藤（Hedera helix）

常绿的常春藤可以长得很旺盛，所以需要用格子架或者吊篮来限制它的生长。耐霜冻的"鸭脚"有着浅绿色的叶片；"金童子"的灰绿色叶片有着黄色的叶缘；"皱芹"有着皱边的亮绿色叶片。

高: 2米
❄❄◑◌☼☀✿

东方铁筷子（Helleborus orientalis）

多年生，在春天会达到高潮，但经常在仲冬开出碟形的花。花的颜色很多，从绿白色到粉紫色都有，也有淡紫色和深紫色的，最好的品种是斑点的。白色的暗叶铁筷子(H.niger)会在仲冬时开花。

高: 60厘米　冠幅: 60厘米
❄❄❄◑◌☼☀✿

喜阴的中型植物

"法兰西"玉簪(Hosta 'Francee')

一种很具观赏性的植物，有着起皱的绿叶，叶缘白色。夏天能开出淡蓝色的花。把它用营养土固定好后，要在营养土表面上撒一层碎石子。"磨砂玉"的绿叶有白边。要充分浇水，避免大风。

高: 50厘米　冠幅: 1米
❄❄❄ ◐ ○ ☀ ☀ ♈

秀丽圆叶玉簪

(Hosta sieboldiana var. elegans)

圆形的灰蓝色叶片很惹眼，叶面上有很多条纹，能够营造出一种波纹效果。适合放在阴凉和避风的地方，干燥炎热的天气要充分浇水。

高: 75厘米　冠幅: 1米
❄❄❄ ◐ ○ ☀ ☀ ♈

"蓝鸟"粗齿绣球

(Hydrangea serrata 'Bluebird')

一种茎干笔直的落叶灌木，花层是平的。"蓝鸟"是最好的园艺品种之一。蓝色的花能从夏天一直开到秋天，秋天叶子会变红。春天修剪时可以把枝干剪掉1/3。

高: 75厘米　冠幅: 90厘米
❄❄❄ ◐ ○ ☀ ☀ ♈

"德斯迪蒙娜"齿叶橐吾

(Ligularia dentata 'Desdemona')

这种茂盛的多年生植物有着紫红色的大嫩叶，叶片顶端会变成绿色。仲夏会开出橘色的花。最好放在水景边上。夏天要保持营养土湿润，避免强风，并小心鼻涕虫出没。

高: 1米　冠幅: 1米
❄❄❄ ◐ ○ ☀ ♈

郁香忍冬(Lonicera fragrantissima)

这种茂密的常绿灌木，因其在冬末开出有香味的奶白色花而被广泛种植。最好能把它放置在保护墙墙边。开花后，强壮的花苞上方的枝干要全部剪掉，老的枝干也要剪掉1/4。

高: 90厘米　冠幅: 90厘米
❄❄❄ ○ ○ ☀ ☀

银扇草(Lunaria annua)

这种一年生的缎花会在晚春和夏天开花，花色从白色到紫色都有；"花叶"银扇草很惹眼，有着绿色和白色的叶片。有和纸一样薄的半透明花头，很适合做插花。要在春天播种。

高: 75厘米　冠幅: 23厘米
❄❄❄ ○ ○ ☀ ☀

"小希斯"马醉木
(Pieris japonica *'Little Heath'*)
矮小的常绿品种，叶先为粉色，后会因为白色的边而变得引人注目。白花通常在晚冬或春季开放。日本马醉木需杜鹃专用土，应放在能够避风的地方。

高: 60厘米　冠幅: 60厘米

❄❄❄ ◑△◔ ☀ ♈

杂交黄精(Polygonatum *x* hybridum)
一种在春天开花的多年生植物。春天，拱形的枝干上会挂满一排绿头的白花。"白条"的叶片有着奶白色的条纹。可以利用潮湿的树阴营造出林地的效果。

高: 1.2米　冠幅: 30厘米

❄❄❄ ◑△◔ ☀ ♈

耳蕨(Polystichum)
最好的品种包括欧洲耳蕨，能在浓荫下生长茂盛。欧洲耳蕨富有光泽的深绿色窄叶像羽毛球一样。刺毛耳蕨可以长到欧洲耳蕨的两倍大。春天新叶展开时要记得打掉老叶。

高: 1米　冠幅: 90厘米

❄❄❄ ◑△◔

"凯尔威登之星"黑心菊
(Rudbeckia hirta *'Kelvedon Star'*)
惹眼的"黑眼苏珊"，围绕在黑色花心周围的那些黄色花瓣根部呈深棕色，勾勒出了中间一只黑色眼睛，花的直径有10厘米。这种植物从仲夏一直到秋天都很重要。

高: 90厘米　冠幅: 90厘米

❄❄❄ ◑△◔ ☀

假叶树(Ruscus *aculeatus*)
这种茂密的常绿灌木，秋天因为雌株上大量的亮红色有毒浆果而成为焦点。长出浆果之前，会开出不显眼的小白花，和深绿色的"叶片"形成对比。适合种在干燥阴凉的地方。

高: 75厘米　冠幅: 1米

❄❄❄ ◑△◔ ☀

川西荚蒾(Viburnum davidii)
小型荚蒾之一，是一种长得紧实而茂密的常绿灌木，有着富有光泽的深绿色叶片。晚春开的白花，之后还会结出蓝色的浆果（如果同时种了雄株和雌株的话），冬天看起来很漂亮。

高: 90厘米　冠幅: 90厘米

❄❄❄ ◑△◔ ☀ ♈

喜阳的小型植物

阿魏叶鬼针草(Bidens ferulifolia)

一种生长期短的多年生植物。从夏天到秋天，卷曲的细茎顶端都有着星形的亮黄色花。适合种在吊篮中，可以在邻近的植物中穿插生长。"黄金女神"的叶要好看一点，花也大一点。

高: 30厘米　冠幅: 90厘米
❄❄◊◊☼🏆

甘蓝(Brassica oleracea)

羽衣甘蓝的叶有红色、粉色、紫色和白色的。叶色会随着秋天气温的下降而加深。最好是种在一排花盆里，然后摆在盆栽展品的最前面。春天播种。

高: 45厘米　冠幅: 45厘米
❄❄❄◊◊☼

意大利风铃草(Campanula isophylla)

适合种在吊篮里: 开着星形蓝花的蔓茎可以从边缘垂下来，非常好看。可以与白色的"阿尔巴"或者"亮白"混种形成对比。夏天要施肥，但千万别过度浇水。冬天需要防寒保护。

高: 20厘米　冠幅: 45厘米
❄◊☼☀🏆

辣椒(Capsicum annuum)

有两种装饰性的辣椒: 大的肉质厚的可以用来烤或者做沙拉，肉质薄一点辣一点的可以用来炒菜。两个品种都有很多种颜色。晚冬播种，种在有阳光能避风的地方就行了。

高: 75厘米　冠幅: 30厘米
❀◊◊☼

"金叶"丛生薹草

(Carex elata ´Aurea´)

一种姿态优雅的多年生落叶植物，细长的黄色披针叶上有着绿色的条纹。夏天千万别让营养土被晒干。最好放在能让阳光烘托其颜色的地方。

高: 60厘米　冠幅: 30厘米
❄❄❄◊◊☼☀🏆

番红花属(Crocus)

这种植物的花期在风信子之后、郁金香之前。可以摆在种着常绿灌木的大花盆前面。晚冬或早春开花的菊黄番红花品种包括"蓝珍珠"（浅蓝色的花）和柠檬黄的"鲍威尔斯"。

高: 7厘米　冠幅: 5厘米
❄❄❄◊◊☼

石竹属(Dianthus)

多年生的品种适合种在旧石质水槽里。传统的品种最香，尤其是叶边粗糙、能开出白花的"辛金斯夫人"和"布赖普顿红"。夏天要经常去掉残花败叶，喜在排水良好的砂质营养土。

高: 30厘米　冠幅: 30厘米
❀❀❀❀ ◍ ◌ ☼ ♈

月影（优雅莲座草）
(Echeveria elegans)

一种常绿的多浆植物，有着厚质肉多的莲座和很长的花刺。能开出里面是橘色的粉色花。可以放在室外大型容器前，但是冬天要放入室内。

高: 5厘米　冠幅: 5厘米
❀ ◍ ◌ ☼ ♈

蓝菊(Felicia amelloides)

一种整个夏天都开蓝花的茂密植物。冬天要进行防寒保护。比较受欢迎的品种包括蓝色的"圣阿妮塔"（叶子是斑叶）、"里兹蓝"和"里兹白"。夏天要施肥，冬天少量浇水。

高: 60厘米　冠幅: 60厘米
❀ ◍ ◌ ☼

"青狐"蓝羊茅
(Festuca glauca 'Blaufuchs')

一种团状的常绿草本植物，晚春会长出花穗。比较好的园艺品种包括银蓝色的"青狐"和"埃丽蓝"，"海胆"的叶是蓝绿色的。每两年要进行分株。

高: 30厘米　冠幅: 30厘米
❀❀❀❀ ◌ ☼ ♈

"小精灵" 大花天人菊
(Gaillardia x grandiflora 'Kobold')

这种有趣的一年生植物的红色花瓣上有黄色的圈，花心是深红色的。可以放在大浴盆或石槽前，以丰富色彩。春天播种，可以通过打掉残花败叶来刺激植物长出更多的花苞。

高: 60厘米　冠幅: 30厘米
❀❀❀ ◍ ◌ ☼ ♈

匍匐丝石竹(Gypsophila repens)

株形小巧，适合种在石槽里。夏天能开出粉色或白色的星形小花，看起来就像一张花垫子。"道乐赛老师"会更矮一些，有着蓝绿色的叶片和深粉色的花。喜排水良好的土壤。

高: 20厘米　冠幅: 30厘米
❀❀❀ ◌ ☼ ♈

喜阳的小型植物

银叶麦秆菊(Helichrysum petiolare)
一种脆弱而浓密的多年生植物，一般被当做一年生植物种植。有着蔓茎和银色毛茸茸的圆叶。冬季需保持营养土干燥。最好与其他植物混种，让其在邻近的植物中穿插生长。

高: 40厘米　冠幅: 1.5米
❀ ◗ ◊ ☀ ◔ ♛ ❦

南美天芥菜(Heliotropium arborescens)
小型浓密，有一种沁人心脾的芳香。花有紫蓝色的"查兹沃斯"、紫色的"罗伯茨勋爵"和白色的"白衣女士"。夏天需每月施肥；冬天需防寒保护，保持土壤潮湿。可通过扦插繁殖。

高: 45厘米　冠幅: 45厘米
❀ ◗ ◊ ☀ ◔ ♛

芒颖大麦草(Hordeum jubatum)
这种一年生或者生长期短的多年生鼠尾草，形似长长的银色羽毛，顶端通常是紫色的。可以在大型造型感强的植物的花盆周围插几根。春播后即开始生长。

高: 25厘米　冠幅: 8厘米
❀ ❀ ❀ ◗ ◊ ☀

风信子(Hyacinthus orientalis)
花瓣紧凑，富有光泽的花穗有白、蓝、粉、红和黄色，仲春和晚春暖和无风时，能散发出浓郁的香气。可放置在夏天开花的灌木前或春天开花的花坛里。最适合放在窗前花箱中。

高: 20厘米　冠幅: 30厘米
❀ ❀ ❀ ◊ ☀

兔尾草(Lagurus ovatus)
这种一年生植物有着蓬松的花头，成熟前可以被掐下来制成干花，叶浅绿色。可春播，也可以秋季在保护幼苗的玻璃罩里播种。"矮生"是迷你型的兔尾草，只有12厘米高。

高: 45厘米　冠幅: 25厘米
❀ ❀ ❀ ◊ ☀ ♛

南非山梗菜(Lagurus ovatus)
这个品种有很多的蔓茎，春播后很容易生长。小瀑布系列很适合放在吊篮里，有着大量能开出白色、蓝色和红色花的茎干。赛艇系列花期要早一点；"罗莎蒙德"是白芯红花的。

高: 15厘米　冠幅: 10厘米
❀ ◗ ◊ ☀

线裂叶百脉根（伯叟氏百脉根）
(Lotus berthelotii)
一种浓密的异域蔓生植物，很适合放在吊篮里。有着黑心的橘黄色到猩红色的花，就像龙虾的钳子一样，灰绿色叶呈针形。夏天要放在室外，定期浇水施肥。

高: 20厘米　冠幅: 90厘米
❄ ◊ ☼

丰明球(Mammillaria bombycina)
应在专业的苗圃里挑选这种仙人球；大多数品种都是又小又圆的，而且能开很多花。其钩形刺从白色茸毛中伸出来，夏天很好看。"照光球"的花是红色的。

高: 30厘米　冠幅: 30厘米
❀ ◊ ☼

薄荷属(Mentha)
薄荷长起来肆无忌惮，所以最好单独种在盆里。如果是绿薄荷和香薄荷，那么问题应该不大。冬天进行防寒保护，第二年春天就会早一点长出新芽。每过几年需要换盆。

高: 75厘米　冠幅: 不确定
❄ ❄ ❄ ◊ ☼

串铃花（葡萄风信子）
(Muscari armeniacum)
春天很漂亮。短短的花穗上满是小蓝花，叶片长得很像草。如果它们在盆子里显得有点挤，夏天休眠时，把它们从营养土里拔出，小心分开，重新种的深度在10厘米左右。

高: 20厘米　冠幅: 8厘米
❄ ❄ ❄ ◊ ◊ ☼ ♟

水仙属(Narcissus)
水仙的花季从亮黄色的微型水仙开始（新年左右），然后是"瑞恩"水仙和"二月金"，最后是原生红口水仙。最好把残花剪掉，但需让叶片自然死亡。

高: 45厘米　冠幅: 16厘米
❄ ❄ ❄ ◊ ◊ ☼

小鱼水仙(Narcissus 'Minnow')
一种仲春繁殖很快的多花品种。黄色的杯状花萼会慢慢褪成白色，周围环绕着六瓣"花瓣"。适合种在木质浴盆里，放在有阳光照射的的灌木下。

高: 18厘米　冠幅: 10厘米
❄ ❄ ❄ ◊ ☼ ♟

喜阳的小型植物

罗勒(Ocimum basilicum)
在多数种子目录上都能找到20种品种，大多为绿色，也有红色的。"紫叶"有着卷曲的紫色大叶片；"黑欧泊"的叶是红紫色的。最适合做菜的是"纳波利塔诺"。早秋移入室内。

高: 45厘米　冠幅: 30厘米
❄ ◐ ▲ ☀

"紫黑"扁葶沿阶草
(Ophiopogon planiscapus 'Nigrescens')
一种看起来像黑色草的常绿植物，麦冬的叶就像一丛皮带，夏天会开出淡紫色的花。最好放在其他盆栽前。夏天要大量浇水，并且每个月还要给它加点肥料。

高: 20厘米　冠幅: 30厘米
❄ ❄ ❄ ◐ ▲ ☀ ☼ ♛

骨籽菊(Osteospermum)
多年生植物，从夏末到秋天一直都会开花，花瓣需要有光照才会展开。花为白、粉和黄色，能增添乡村花园的气息。旋转骨籽菊的花瓣像迷你的茶匙。冬天需防寒保护，减少浇水。

高: 45厘米　冠幅: 45厘米
❄ ❄ ▲ ☀

"世纪粉"天竺葵
(Pelargonium 'Century Hot Pink')
颜色像口红一样的花很具观赏性，也可以和"世纪系列"其他红色、粉色和白色的品种混合种植。如果长得太乱了，可在新芽上方修剪，以刺激它长得更茂密并开出更多的花。

高: 45厘米　冠幅: 30厘米
❀ ◐ ◐ ☀ ♛

"克洛琳达"天竺葵
(Pelargonium 'Clorinda')
一种灌木一样的天竺葵，茎很硬，夏天能开出整簇柔粉色的花。浅裂的叶片有淡淡的香味。夏天可以进行快速的扦插：这样可以代替那些茎又长又秃的老株。冬天需要防寒保护。

高: 60厘米　冠幅: 60厘米
❀ ◐ ◐ ☀

荷兰芹(Petroselinum crispum)
包括装饰性的皱叶品种和味浓的板叶品种，适合大的容器，这样可防止鼻涕虫攻击年幼的植株。早春可穴盘播种，也可在小花盆里播种。注意别让土壤干透了。

高: 45厘米　冠幅: 25厘米
❄ ❄ ❄ ◐ ◐ ☀

矮牵牛(Petunia)
一年生植物，适合从篮子到浴盆的所有容器，夏天花期很长。花色有刺眼的红色和蓝色，也有粉色、浅黄色和白色。夏天要好好浇水，每两周要施高钾肥。

高: 25厘米　冠幅: 90厘米
❄ ◊ ☼

"小宝石"挪威云杉
(Picea abies 'Little Gem')
这是圣诞树的亲戚，可是抢手货。亮绿色的叶形成了一个稍稍有点平的拱顶，可以种在旧水槽里，春天被亮绿色的新叶覆盖后相当漂亮。生长很慢，10年才能长到30厘米。

高: 30厘米　冠幅: 90厘米
❄ ❄ ❄ ◊ ☼ ♔

"吉布森红"委陵菜
(Potentilla 'Gibson´s Scarlet')
一种颜色鲜艳的小型多年生植物，猩红色的花能从初夏一直开到夏末，和绿色的叶形成对比。最好种在大的容器前。喜排水良好的贫瘠土壤。

高: 45厘米　冠幅: 60厘米
❄ ❄ ❄ ◊ ☼ ♔

"雪球"月季(Rosa 'Snowball')
这种微型月季，整个夏天都有着大量的白花，每一朵花只有拇指的指甲那么大。早春要把茎干长度对半剪掉，整个夏天都要施肥。最大的优点就是: 看起来真的很像一个大雪球。

高: 20厘米　冠幅: 20厘米(8in)
❄ ❄ ◉ ◊ ☼

长蕊鼠尾草(Salvia patens)
这种艳蓝色多年生植物的花都有着张开的小嘴。"剑桥蓝"的颜色要淡一些。和褐红色的巧克力秋英以及黄色的"阿魏叶鬼针草"摆在一起非常好看。冬天需要防寒保护，春天可进行扦插。

高: 60厘米　冠幅: 60厘米
❄ ❄ ◉ ◊ ☼ ♔

虎耳草属(Saxifraga)
根很浅的一种高山植物，贴地匍匐式生长。莲座丛的叶片手感不错且层叠成长。春天开出的花趋于白色-粉色-柠檬黄的范围。"瀑布"虎耳草的叶是银绿色的，能开出白色的花。

高: 45厘米　冠幅: 30厘米
❄ ❄ ❄ ◊ ☼

喜阳的小型植物

"智利黑"紫盆花
(Scabiosa atropurpurea 'Chile Black')
这种植物能开出带有白色斑点的深红色小花（边缘是黑色的），在一组色彩柔和的植物中很显眼，也能使亮色主题生机勃勃。是一种生长期短的多年生植物，可以进行春季扦插。

高: 60厘米　**冠幅:** 23厘米
❄❄❄ ◐ ◊ ☼

景天属(Sedum)
最好的两种景天：一种是匙叶景天，有着带叶的莲座和黄色的花，适合种在有高山植物的石槽里；一种是落叶多年生的何布景天，夏天开粉色的花。需在营养土里加入一些粗砂。

高: 10厘米　**冠幅:** 75厘米
❄❄❄ ◊ ☼

长生草属(Sempervivum)
多年生的长生草莲座上有着尖刺和肉质的叶片，叶上有明显的褐色和红色阴影。夏天星形的花谢后，莲座会死掉，但以后还会长出新的莲座。最好种在有高山植物的水槽里。

高: 15厘米　**冠幅:** 45厘米
❄❄❄ ◊ ☼

优雅千里光(Senecio pulcher)
适合盆栽，以利冬季入室过冬。早秋能开出红紫色的花。大多数叶的底部都是粗糙的椭圆形，茎干长矛状，冬天就这么挂着。夏天要适度浇水，冬天偶尔浇水即可。

高: 45厘米　**冠幅:** 45厘米
❄❄ ◊ ☼

五彩苏属(Solenostemon)
有艳丽的叶片，颜色从黑色到黄色都有，叶上有红色的斑点。多数品种都是一年生的，但已经命名的如"炫耀"等是生长期短的多年生植物。生长初期要摘心，每两周要施高氮肥。

高: 60厘米　**冠幅:** 60厘米
❅ ◐ ◊ ☼

万寿菊属(Tagetes)
这些很好种的小万寿菊有褐色、橘红色和黄色的，花期很长。苏格兰宝石系列包括"柠檬宝石"、"小宝石"和"橘红宝石"。春天播种，要经常去除残花。

高: 30-40厘米　**冠幅:** 30厘米
❄❄ ◐ ◊ ☼

百里香属(Thymus)

常绿品种的叶片和颜色各不相同。小叶的"高加索"能覆盖整个营养土，而"麝香草"修剪后可长成一堆，"银斑"有着灰色/银色的斑纹。喜排水良好的营养土。需要经常剪枝。

高: 30厘米　冠幅: 45厘米
❄❄❄ ◊ ◊ ☀

旱金莲属（蔓生）
(Tropaeolum (trailing))

茎蔓可以在邻近的植物上攀爬，也可以从吊篮里垂下来。花有橘色、红色和黄色; 多年生的六裂叶旱金莲的花是亮红色的。

高: 30厘米　冠幅: 3.5米
❄ ◊ ◊ ◊ ☀

"中国粉"郁金香
(Tulipa ʻChina Pinkʼ)

这种郁金香是缎粉色的，但开花后中间会褪成白色的斑。晚春花期很长。是很受欢迎的传统品种(1944年培育出来的)。可以放在正式、庄重的主题设计里。

高: 50厘米
❄❄❄ ◊ ◊ ◊ ☀ 🏆

"火焰鹦鹉"郁金香
(Tulipa ʻFlaming Parrotʼ)

晚春，奶黄色的背景和羽毛状红线形成鲜明的对比，既古怪又有趣。可和其他的郁金香搭配，比如红色和白色的"埃斯特拉"、"卡奈沃德奈斯"，看起来仿佛就是一台生动的哑剧。

高: 55厘米
❄❄❄ ◊ ◊ ☀

"圣保罗"美女樱
(Verbena ʻSissinghurstʼ)

这种有着粉色花的多年生植物，可顺着搭成的锥形藤条生长，或者和银色叶片的植物种在一起也不错。可以种在吊篮里，让其茎从边缘垂下来。要多浇水，生长期每月要施肥。

高: 20厘米　冠幅: 45厘米
❄❄ ◊ ◊ ☀ 🏆

三色堇属(Viola)

耐寒的三色堇有非常多的颜色，也有很多品种都有斑点，还有一些品种是混色的，非常好看。有些品种会在冬天和早春（有阳光很重要）开花，有些会在晚春和夏天开花。多数品种都是一年生的。需要经常去掉残花。

高: 25厘米　冠幅: 30厘米
❄❄❄ ◊ ◊ ☀

喜阴的小型植物

细叶铁线蕨(Adiantum venustum)

常绿的品种，有着又细又黑的茎和铜粉色的新叶，新叶会逐渐变成鲜绿色。根状茎需要一定的空间来伸展，这种植物很适合用来装饰主题设计。

高: 15厘米　冠幅: 30厘米
❄ ❄ ❄ ◐ ◌ ◔ ☼ ☼ ♛

柔软羽衣草(Alchemilla mollis)

是一种很好的间隙搭配品种: 浅绿色的叶片可以托住雨滴，还能够开出绿黄色的花。也是一种多产的自然播种植物，能够自由散播。花谢后可以通过剪枝来刺激它生长。

高: 40厘米　冠幅: 40厘米
❄ ❄ ❄ ◐ ◌ ◔ ☼ ♛

美果芋 (意大利魔芋)
(Arum italicum)

一种得分很高的多年生植物。初夏，奶白色的肉穗会被浅绿色的佛焰苞围起来，之后会长出橘红色的有毒浆果。叶上有白色的花纹。"云纹"浅绿色的大理石纹，显得更华贵。

高: 30厘米　冠幅: 15厘米
❄ ❄ ❄ ◐ ◌ ◔ ☼

垂花秋海棠(Begonia pendula)

从早春到第一次霜冻一直都会开花。花有红色、粉色、橘色、黄色和白色。块茎要种在深度为2.5厘米的地方。散生的枝芽使它适合种在吊篮里，旱季要多浇水。记得要定期施肥。

高: 30厘米　冠幅: 45厘米
❄ ◐ ◌ ◔ ☼

岩白菜属(Bergenia)

具富有光泽的常绿大叶，春天会开出粉色或黄色的花。开洋红色花的"紫色"心叶品种的大叶片冬天会变成甜菜根一样的红色。要避免被阳光直晒。

高: 45厘米　冠幅: 45厘米
❄ ❄ ❄ ◐ ◌ ☼ ☼

布氏薹草(Carex buchananii)

这种常绿的薹草有着细长的铜色披针叶，最好种在亮色的背景下。仲秋和晚秋会长出棕色的花穗。防止夏天旱季时缺水，也避免渍涝。

高: 60厘米　冠幅: 75厘米
❄ ❄ ❄ ◐ ◌ ◔ ☼ ♛

铃兰(Convallaria majalis)

最适合放在光影中的植物之一。能散发出甜甜香味的白花，与匀称的叶片形成对比。"白条"铃兰的叶有白色的斑纹，很吸引人；"哈德威克庄园"的叶有奶黄色的边。

高: 23厘米　冠幅: 30厘米
✳ ✳ ✳ ✳ ◊ ◒ ☼ ▽

穆坪紫堇(Corydalis flexuosa)

一种林地多年生植物，从晚春到夏天有羽毛状的亮绿叶和蓝色的管状花。有很多园艺品种: 亮蓝色的"珀尔大卫"、深蓝色的"中国蓝"和"紫叶"。可以和黄色的欧黄堇种在一起。

高: 30厘米　冠幅: 30厘米
✳ ✳ ✳ ◊ ◊ ◒ ▽

"小老鼠"萼距花
(Cuphea 'Tiny Mice')

这种看着像老鼠耳朵的植物开出的花有红色和紫色，花期从夏天一直持续到第一次霜冻。可以通过掐尖来刺激它生长，夏天要常浇水和施肥。在美国，它可以吸引到蜂鸟。

高: 20厘米　冠幅: 30厘米
✳ ◊ ◒ ☼

小花仙客来(Cyclamen coum)

一种有块茎的多年生植物，花白色、粉色和红色，花期从晚冬一直持续到春天。叶也有很多种。白蜡群变种的叶尖几乎是银色的。记得要用混有沙砾的腐叶土种植，不要种太深。

高: 6厘米　冠幅: 10厘米
✳ ✳ ✳ ◊ ◒ ▽

红花淫羊藿(Epimedium x rubrum)

一种安静低调的多年生植物，春天新叶和冬天落叶前的叶片都是红色的尖叶。晚春会开出红色或浅黄色的花，花期很短。要放在能遮挡冷风的地方。

高: 23厘米　冠幅: 23厘米
✳ ✳ ✳ ◊ ◊ ◒ ▽

猪牙花属(Erythronium)

春天开花，是一种很漂亮的多年生植物。花有白色、粉色、黄色、紫色和紫罗兰色，很多品种都有独特的杂色叶。记得要保持营养土潮湿，尤其是在又长又热的夏季。

高: 23厘米　冠幅: 23厘米
✳ ✳ ✳ ◊ ◊ ◒

喜阴的小型植物

扶芳藤(Euonymus fortunei)
这种常绿灌木的有些园艺品种很受亲睐。适合种在容器里的是金边品种，黄边的绿叶在冬天会变成红色（一定的日照有助于变色）。更矮小的"茵翡翠"具一堆茂密的绿叶。

高: 60厘米　冠幅: 60厘米
❄❄❄ ◌◌ ☼◌☼

"拇指汤姆" 倒挂金钟
(Fuchsia ´Tom Thumb´)
一种矮小笔直而浓密的品种。一直很受欢迎。上面的花筒是红色的，下面有着淡紫色的裙边。初夏开始开花，一直不间断地开到秋天。

高: 23厘米　冠幅: 23厘米
❄❄❄ ◌◌ ☼◌☼ 🏆

匍匐白珠树
(Gaultheria procumbens)
这种植物长得很矮但很展开。深绿色叶片富有光泽，夏天会开出白色或浅粉色的花，之后整个冬天都会挂着红色的浆果。如果移种到开阔的花园里，可种在酸性土壤中作地被植物。

高: 15厘米　冠幅: 1米
❄❄❄ ◌ ☼◌ 🏆

"金线" 箱根草
(Hakonechloa macra ´Aureola´)
一种常绿的草本植物，鲜艳的亮黄色叶片上有一些细长的绿色条纹。在浓荫里条纹呈浅绿色，在凉爽的条件下会变成奶白色。能和圆形及竖直的形状形成鲜明的对比。

高: 30厘米　S: 30厘米
❄❄❄ ◌◌ ☼◌☼ 🏆

"华紫" 裂叶肾形草 (Heuchera
micrantha var. diversifolia ´Palace Purple´)
一种得过奖的多年生植物，具富有光泽的铜紫色锯齿形叶片，初夏开出的绿白色小花能够突显叶片。避免放在阴凉的地方。秋初重新种植时，植株顶部要露出土面。

高: 45厘米　S: 45厘米
❄❄❄ ◌◌ ☼◌☼

凤仙花属(Impatiens)
精巧系列品种非常受欢迎。有很多的杂交品种，比如瓦氏凤仙杂交的"刚果美冠鹦鹉" 有着红色和黄色的花。多数品种都喜阴。

高: 50厘米　S: 60厘米
❄ ◌ ☼◌☼

流星花(Isotoma axillaris)
通常都被当做一年生植物。其花期从春天持续到秋天，细长的拱形茎上能开出展开的星形花。花从浅蓝色到深蓝色，偶尔也有白花。忌过度浇水，生长期每月要施肥，要常去除残花败叶。

高: 30厘米　冠幅: 30厘米
❄ ◌ ◑ ◔ ☀ ⚱

紫花野芝麻(Lamium maculatum)
成丛生长的多年生植物。有三角形的深绿色叶，从晚春到夏天都会开出粉紫色的花。在大花盆里，可营造出一种覆地的效果。"白色南希"具银色的小叶片、绿色的茎和白色的花。

高: 23厘米　冠幅: 23厘米
❄ ❄ ◌ ◑ ◐

阔叶山麦冬(Liriope muscari)
一种林地植物，秋天有紫罗兰色的花穗和像皮带一样的深绿色叶片。"约翰伯奇"的叶杂着金色；"梦露白"需要种在全阴的地方。适合杜鹃专用土和放在能够遮挡冷风的地方。

高: 23厘米　冠幅: 30厘米
❄ ❄ ❄ ◌ ◑ ◔ ☀ ⚱

独花黄精(Polygonatum hookeri)
是矮小爬行版的黄精，晚春至初夏开星形的花，花的颜色从浅粉色到深粉色，之后还会结出黑色的果实。放在阴凉的角落里会很能吸引人，记得要在营养土表面铺上一层小石子。

高: 10厘米　S: 30厘米
❄ ❄ ❄ ◌ ◑ ☀ ◔

极品旺达系列报春花
(Primula Wanda Supreme Series)
一种有着铜色到深绿色叶片的多年生植物，从冬天到仲春都会在树阴下开出蓝色、黄色、紫色、粉色和红色的花。喜潮湿肥沃的土壤，早春播种。欧报春直到春末才会开花。

高: 8厘米　S: 15厘米
❄ ❄ ❄ ◌ ◑ ☀ ◌

台湾油点草(Tricyrtis formosana)
一种非常漂亮的多年生植物。有着笔直的拱形茎，秋天会开出面朝上的花。花色都很安静 (淡紫色、黄色和奶油色)，一般花上都有大量的小斑点。鼻涕虫和蜗牛喜欢攻击其幼株。

高: 75厘米　S: 45厘米
❄ ❄ ❄ ◌ ◑ ☀ ◌

索引

索引

索引